U0682725

茶与美

从「用之美」到「无为之美」

[日] 柳宗悦

著

李启彰 李文茹

译

九州出版社
JIUZHOUPRESS

图书在版编目（CIP）数据

茶与美 /（日）柳宗悦著；李启彰，李文茹译. --
北京：九州出版社，2024.1
ISBN 978-7-5225-2539-6

Ⅰ．①茶… Ⅱ．①柳… ②李… ③李… Ⅲ．①茶道—
研究—日本 Ⅳ．①TS971.21

中国国家版本馆CIP数据核字（2024）第033723号

茶与美

作　　者	［日］柳宗悦　著　李启彰　李文茹　译
选题策划	于善伟
责任编辑	王　佶
封面设计	吕彦秋
出版发行	九州出版社
地　　址	北京市西城区阜外大街甲35号（100037）
发行电话	（010）68992190/3/5/6
网　　址	www.jiuzhoupress.com
印　　刷	鑫艺佳利（天津）印刷有限公司
开　　本	880毫米×1230毫米　32开
印　　张	12.25
字　　数	250千字
版　　次	2024年9月第1版
印　　次	2024年9月第1次印刷
书　　号	ISBN 978-7-5225-2539-6
定　　价	88.00元

★ 版权所有　侵权必究 ★

元　龙泉窑　刻莲花纹蔗段洗　美国大都会博物馆藏

北宋　将乐窑　青白瓷托盏　祥云轩将乐窑博物馆藏

北宋　将乐窑　青白瓷托盏　祥云轩将乐窑博物馆藏

上：金　钧瓷　鸡心罐　郑州大象陶瓷博物馆藏
下：北宋　钧窑　天蓝釉杯盏　美国大都会博物馆藏

金　定窑　镶银口刻菊花纹盘　美国大都会博物馆藏

金　黑釉红油滴盏　深圳云水轩藏

南宋　龙泉窑　青瓷盏（配漆木托）　日本东京常盘山文库藏

南宋　吉州窑　玳瑁釉盏　上海高梧楼藏

上：南宋　吉州窑　黑釉漏花鸾蝶纹盏　日本富士美术馆藏

下：南宋　吉州窑　黑釉漏花蘑卜纹盏　日本东京国立博物馆藏

南宋　西坝窑　玳瑁釉盏　乐山西坝窑博物馆藏

南宋　建窑　兔毫盏　福建省博物馆藏

宋　川窑　盏　个人藏

宋　衡州窑　盏　个人藏

宋　吉州窑　盏　个人藏

　　成书于1940年代的《茶与美》集结了柳宗悦对于"茶"与
"美"这两个议题的重要观察与批评。柳宗悦既指引出通往美
的道路，同时又对当时社会的乱象提出严厉的批判。日本在20
世纪40年代茶道盛行的状态，达到了过往都未曾企及的高点，
茶道礼仪与茶器鉴赏吸引了相当多对于茶文化有兴趣的人士。
然而对于美的直观的匮乏，与对茶道断章取义的曲解，让柳宗
悦怀着茶与美的传承是否正向的忧虑与省思。

　　正值茶文化在两岸盛行的当下，上世纪40年代《茶与美》
的发声似乎振聋发聩，其中所指对于茶的误解，对于赏器的扭
曲，对于人心的做作，与今天居然都有着大比例的吻合。这样
跨时代的反省，提供了我们向内思考的极佳素材。在阅读《茶
与美》后的感动之余，当代茶人的身份，是让并非日语系科班
出身的我决定投身翻译的始点。

　　2017年夏，我拜访日本民艺馆，民艺馆窗口的女士告诉我
《茶与美》是一本连日本人都看不太懂的著作，她自己看了好

几次都没有完全理解。当时翻译进度已经过半的我，突然感到
责任特别重大。柳宗悦的长子，也是被誉为日本工业设计之父
的柳宗理（1915—2011）说"过去与现在都是为了未来而存
在，我们必须将宗悦留下的民艺论以某种方式传递到未来"。

　　一本连一般的本国人都看不懂的当代著作，显然不会是语
言上的不理解，而是人们难以深入明了当中的深意。为了尽量
拉近中文版读者与书中精髓的距离，我决定在译文之外，于原
文的每个篇章后以导读的形式作出说明。观点中或有不成熟与
未尽完善之处，也盼各界先进前辈与读者不吝指正。

　　导读涵盖了几个层面的用意，首先是释义，我试图将几个
难懂与具有文化差异的观念或名词，重新以现代的语言阐明。
接着是跨时代的应用，20世纪40年代的背景与今天虽有不少的
差异，但柳宗悦对当时茶界一针见血的相关论点，更给予今日
的我们一个深入反省的契机。我反复从历史或当代的角度，作
出必要的呼应与补充。最后是展望，我希望进一步反思《茶与
美》中的民艺论或美学观，并探讨能给予我们什么新的指引。
日文原书成书后历时已逾八十年，相较于上世纪40年代，当今
科技发达，全球人口突破80亿，欣欣向荣的背后却是利益的争
夺让人心更加紊乱。

　　《茶与美》如同暗夜中的一座灯塔，端看我们如何透过它
来咀嚼这个世界的美。

李启彰

致谢 ———— •

2016年当我收到陶艺家陈丽宽的礼物日文版的《茶与美》时，开始并不以为意，直到数月后翻阅之际，深深着迷于其中动人的论述。接着由于《茶器之美》简体版在中国大陆上市，结识了编辑于善伟，他对于柳宗悦的景仰，意外成了该书付梓的主要推手，也开始了我整整一年除了工作以外，起床与睡前之间都埋首于翻译的生活。在《茶器之美》繁体版主编曹馥兰对日文精确度的坚持下，寻找到淡江大学日文系副教授李文茹，并邀请她参与共译与校译，谢谢文茹费尽心思的协助。校订时也多亏了同事胡佩在译文语序方面的把关。还要感谢日本陶艺家村山光生，透过他的引荐走访了日本民艺馆，并深入馆藏理解柳宗悦当年的心血结晶，随后又透过村山拜访了日本当代民艺陶工作坊之代表，出西窑的第二代窑主多多纳真。

最后要在此次改版之际，感谢提供私人藏品的重庆文化学者张姆斯及摄影师舒丹。中国历代的无铭器物不仅展现了中华文化在陶瓷上的卓越意境，也吻合了柳宗悦在书中对宋瓷"无限之美"的描述。

　　将柳宗悦在本书中重要的理念，精准地借由文字及图片传达给海峡两岸的中文读者，成为我的使命及幸福的泉源。感谢所有在过程中协助我的前辈与亲友们。

编辑说明 ▍

1. 日文原文的《茶与美》由柳宗悦于昭和十六年（1941）初版发行。初版后历经了几次沿革，与内容及编排上的调整。

2. 翻译以尽量保持原文时代背景与作者的文笔风格为原则，同时满足中文读者的阅读习惯。凡对中文阅读不致造成妨碍或产生误解的日文词汇，则沿用日文汉字。

3. 日文原文中的和历，例如宽永十一年、文政元年，译者在后方以（）将公历年份写入。

4. 译注的部分是译者对于原文中出现的名词作出注解。

5. 人名、地名、专有名词、陶瓷相关用语等在第一次出现时，附上译注。之后原则上不再重复。

6. 译文中标示""的部分，乃沿用日文原文之标示。

7. 为利于读者的理解与思考，译者于每篇之后追加导读。唯《高丽茶碗与大和茶碗》《茶器》两篇，及《奇数之美》《日本之眼》两篇，由于上下文属性近似或中心思想一致，译者将两篇的导读合并为一篇。

　　近十年以来，我的文章几乎都集中于我所编辑的《工艺》杂志上。回顾一下数量已经不少，总想着哪一天以某些主题区分，汇总成几本书。然而公务繁忙，难以拥有能实现这个愿望的闲暇。有时想要找机会补上，却又担心因此推迟了出版的机会。如果没有找到值得信赖的吉田小五郎来担当这个角色，这本书的发行将会遥遥无期吧。我对他详细与正确的校订表示由衷的感谢。这次收录数篇论述时，很庆幸能好好地对某些部分进行修改。

　　以《茶与美》为题的考虑，并不是单纯因为最初的几个篇章。美的性质的论述，与"茶"的精神的说明是一致的。可惜的是，对美的见解长久以来受因袭所限，常常对于值得尊崇的不尊崇，不值得赞美的却大加赞美。所有的美应当再度从新的观点来再三玩味，特别在"茶"这方面更有必要。

　　接下来的几篇论述，是对许多被抛弃且际遇坎坷的美的辩护，以及包含长期以来被看作是至高无上的美的抗议。无法立刻同意的读者想必是存在的，所以对于这些人我有个殷切的期盼，希望大家能"直接观察器物"。在不观察或无法观察的情况下所做的评论都不扎实。此处我特别想呼吁的是唯有在面对美的时候，与其从"事"的角度论述，不如直接地触摸"物"来得更重要。其次是相较于"知识力"，"观察力"具有更重要的决定力。无论如何，美必须遵循美物来谈。"美的观察"必须先行于"美的认识"。无视于此的人对我的立论会感觉很奇怪吧。然而我认为观察者反而是更具有常识的人。我希望本书能在未来的美术史及美学上占有一席之地。本书所刊载的几篇文章，因为题材涵盖了多种范畴，于是将各篇的旨趣在此简略记述。

卷头所载关于茶道一文[1]，主要是与茶道相关的美的议题，并明确它到底贡献了什么。近来看到茶宴[2]越来越流行，但正因为如此更要把现在当成是最堕落的时期，来进行反思。今天的茶人们缺乏眼力的程度到了令人吃惊的地步，认定了许多不

1　《茶与美》一书在日本历经了几次的沿革，收录内容与编排的次序与初版已大不相同。初版的卷头是《心念茶道》一文，最新版本的卷头已改为《陶瓷器之美》。

2　茶宴：其日文原文为"茶の湯"，大多数中文翻译将之译为"茶道"。但在《茶与美》中有三个相似的名词"茶宴""茶道"与"茶道礼仪"，虽有重叠的意涵，但之间仍有差异。"茶宴"，千利休曾说"茶宴不过是烧水、点茶、啜饮罢了"。到了今天，还包含每一次主人与宾客的组成不同，有着一生一次共同品饮机缘的"一期一会"。"茶道"，则包含了人心的涵养、人性价值的提升，特别是以禅的教诲为立基的一种锻炼。"茶道礼仪"，指的是点茶一旦适从了法则，动作便能精炼并省略一切的累赘，真正达到去芜存菁的形式化动作。

知多么丑陋的东西为美物。那点茶[1]多半花哨而令人生厌。在"茶"中取巧的人不过是一类好事的人。他们过度执着于无关智慧的枝微末节，对于本质的事物就会盲目。"茶"的精神需要用更纤细与深入的方式来进行检视。这是因为"茶"的论述就是美的论述。无论如何都不能让"茶"[2]停滞在玩弄取巧"茶"的境界。

我想以茶器这类最为方便的媒介为例，来说明"茶"之心，以及深度谈论美的性质。说到这，没有任何茶器能与"喜左卫门井户"茶碗匹敌。这是因为它被称为天下的名器，被视为茶碗中的茶碗。能亲眼见证这样的美，就能立即触及茶心之道。这个茶碗对我们耳语了些什么真理呢？如果不知道那曾经只不过是个平庸的民用器物，就无法理解为什么之后能列于大名物之列。民艺理论在此不就能找出十二分的佐证吗？当想象着早期茶人睁大眼睛赞叹的那种美的眼力，就会让我更加觉得当今茶人们庸俗的审美取向是多么令人吃惊。

曾有人开始提倡，说到"茶碗是属高丽"[3]，但不可思议的是，茶人们却不去反思"高丽"与"乐"[4]两者在性质上的差

1　点茶：源自唐、宋，传至日本后成为置入抹茶粉到茶碗，以竹勺舀水单点注汤，及用茶筅击拂的茶道礼仪。

2　此处的"茶"指的是日本茶道定义下的茶道礼仪及茶器，请参考本书《心念茶道》文末的导读。

3　"高丽"指的是高丽茶碗。

4　"乐"指的是日本茶碗中最具代表性的乐烧，文中通常指的是乐烧茶碗。

异。"乐"长久以来广受欢迎，但我想那是对美的鉴赏力衰退
的证明。连这两者之间显而易见的差异都不去区分，我想这是
今日让"茶"被误解的最大原因之一。如果无法对"乐"提出
正确的评论，就没有谈论"井户"[1]的资格。正因为有高丽茶碗
与大和茶碗的对比，对于作者与观察者来说，不正是最好的公
案吗？对于这两者的差异，如果能充分地回答，才能开始赋予
大和茶碗新的生命。如果无法超越"乐"，优秀的茶碗就无法
诞生。至今为止，都没发现"乐"的历史就是罪恶的历史，我
们实在是太大意了。

　　对于谈论"茶"的人来说，光悦[2]是个很好的议题。关于
他的人格与睿智毋庸置疑，然而关于工艺的问题，他所提出
的见解是否是最终的解答呢？几乎无一例外，谁对他的作品
都有无上的赞美。然而这是因为他们都是光悦的知音吗？我
们不得不基于对他的敬意，而建立起更加严苛的标准。关于
美的问题，哪些是可以透过他的作品来得到回答的？哪些是
无法回答的？对于这些问题我们实在不该盲目。光悦论经常
意味着作家论，进而触及工艺的主要议题。他才真的是一位

1　"井户"指的是井户茶碗，原本是高丽农民吃饭时用的饭茶碗，传到日
本后被日本茶人相中，成为茶道礼仪所用的茶碗。

2　本阿弥光悦（1558—1637），出生于京都，是日本江户时期著名的
漆器创新者、画家、书法家、刀剑鉴定家、陶工、园林设计家和茶道爱
好者。

走在意识形态上的非寻常作家[1]。然而意识的道路、个人的道路，又能逼近美的核心到什么程度呢？面对这类本质性的问题，我们不能草率。光悦正向我们展示了绝佳的范例。那些缺乏内省的光悦赞词，不是因为人们认识他或是认识美。至今为止，接近光悦论水平的类光悦论连一个都没有，这正彰显出评论界能力的不足。

亲近文墨的人对于砚石的魅力都会难以忘怀，把砚石当作挚友般爱惜的人相当多，而珍藏有名的端溪砚的人不在少数吧。但是看过了许多著名的搜藏后，无法掩藏失望的不只我一人吧。因此我进而深切地感觉到，必须以直率的观点来修正现况的地方实在是太多了。这样的疾病与茶器的状态大致相同。过度耽溺于枝微末节的趣味，导致看不见本质的情形甚多。因为执着于来历、技巧、珍稀，很多人反而忽略了砚石本身。在搜藏里，耽溺于藏品的过度装饰却不自知而显现出跋扈是悲惨的。不知有多少原本是端溪的美石，但却沦落为丑陋砚石的例子。这也是一个不得不从单纯或是健全的性质中，去探求的例子。不知是幸或不幸，从人们舍弃的领域中，还能发现优秀的事物。类似今日对海东砚的无知，不消说就是一大败笔。对砚石的美的赏析方式，我们必须改弦易辙。对美的见解如果不能修正，那就只是徒呼负负地在循环的步道上散步罢了。

1　这里的作家指的是艺术创作者，以光悦为例，他的作家身份涵盖漆器、陶艺、书法、刀剑鉴定等领域。

在书道论中我一直要去努力厘清的看法有三点。首先是我对自汉代到六朝所谓的北碑体有最高的评价。其次是对让人无上仰望的书圣王羲之的评价要抱持强烈怀疑。最终是讲述书法的美应该具备怎样的性质，也就是建立书法的美学。为什么上一代的人们不会写出丑陋的字体，而近代的人却因一手丑字而苦恼不已。这不是书法单一的问题。广泛来看，不就是美感的问题吗？我思慕着那除了美物还是美物的不可思议的年代。能拯救书法的美的是个人的才能吗？是不眠不休的练习吗？可以斩钉截铁地预言仅仅依此，书法的时代将难以到来。

在两篇的绘画论中所叙述的，是对以往的思想本质的修正。个人主义盛行的近代，绘画的命运委任于个人卓越的才能，然而这样好吗？这不是等同于剥夺一般人跻身艺术殿堂的机会吗？该篇的旨趣是在说明，从别的角度来说，即便在非个人的领域里也能够产生优秀的绘画。绘画不应当是天才独占的世界，幸运的是还有许多例证足以支持这样的真理。借此我将进一步明确地指出，有一种美是只能由一般的画工才可以产出。我想提倡的是，这样的事实才是促使绘画与社会能紧密结合在一起的力量。评论家眼里毫不犹豫就放弃的一般凡人，在某些被容许的情况之下，他们能做出连天才都难以完成的高难度作品，这点是我想赞美的。将绘画限定在天才作为的框架中的这点，不也是将绘画的发展束缚住的原因吗？

接着是论述绘画之美的工艺性。美术作品才能称为绘画的这个观点，可以说是基于个人主义的立场所招致的结果。最美的绘画未必出自个人，也不一定是富有个性的画作。如果说美当中存在着非个人要素，抑或者超越个人能让美越加深刻的话，这样的现象就已经不是仅以美术的性质能说得清楚的。于此我们不就已经见证了工艺性作品的出彩吗？绘画的工艺性质正是最好的美学理论。

《织与染》这个题目，是为了探访织物隐匿的神秘。特别是学习大自然的睿智，学习它是如何发挥庇护美的事物的力量。谬误来自人而不是大自然。而我们的工作是为了纪念大自然的荣耀。传达自然的伟大是人类的任务。织与染的美也当如是。

与搜藏相关的一篇，清楚地叙述哪种性质的搜藏最值得尊崇。世间不当的搜藏不计其数。因为搜藏是一种性癖，特别容易上瘾成疾。我对于该类的搜藏方式将不留余地进行剖析，希望能追究其病因。这一篇可以视为我以医生的立场，来讲述治疗的方式。我的体验与内省如果对搜藏家能起到作用，将让我感到欣慰。有时我的劝慰会良药苦口，有时会令人疼痛难忍，但请相信那绝非无效药。彼此不是该有志于更优秀的搜藏吗？

卷末[1]添加的《陶瓷器之美》，是我触及工艺问题时最初的论述。这已是足足二十年前的旧稿了。如果没有本书编辑的怂恿，或许这次也不会收录进来。借此机会再次阅读，对不满意的论点与需订正的部分进行了些修正。

1　卷末：初版的卷末《陶瓷器之美》一文，在最新版里为卷头。

　　顺带一提，本书最后收录《物与美》及《民艺与美》二篇[1]，这些都要再三感谢与吉田君之间深厚的友谊。本书出版之际式场隆三郎、牧野武夫、及川全三、铃木繁男与西乌羽泰二担当了重责，在此表达我诚挚的感谢。

昭和十六年（1941）春三月

柳宗悦

1　《物与美》与《民艺与美》二篇，在这个新的版本中并未收录。

目 录

壹

陶瓷器之美

安静而沉默的器物，
也必然相应了拥有者内心世界的情感。
我认为我们对器物所具备的爱的内涵不能有所怀疑。

读者们可能没料想到会从专攻宗教哲学的我这里听到这样的题目，但是长久以来我对这个题材就倾慕不已。借由这个题目，我认为能在你们的面前提供一个亲昵的美的世界，并且据此告知你们如何得以更接近神秘的美。关于陶瓷器所蕴含的美，我认为叙述我的想法和情感，未必是不恰当的。因为在汲取这方面材料时，我不得不论及美的性质。美当中包含着什么样的意义？美又是如何出现的？我们又应当怎样玩味？在撰写这篇文章的时候，这些问题不断地出现。因此对于这个题目所可能产生的奇特联想，随着此篇的阅读，将会很快地远离你们。如果我无法邀请大家进入一个你们原来不熟悉的美的世界，就不会选择这个题目了。

一

读者对于特别是属于东洋日常生活之友的陶瓷器，曾经具体思考过什么事呢？这类的东西在我们周遭真的是太多了，反而让大多数人忘了要去回顾它们。或许在近代，因为这些陶瓷器的技巧与美显著地沉沦，因此人们失去了对这些东西感到有趣的机会。相反地就算对此有偏好，有人也会说这不过是种赏玩，而让人感觉受到鄙视。

但是不应该是如此的，无尽的美始终在器中被厚实地包覆起来。这样的不在意与见解，毋宁是宣告现代人心已经变得无趣与荒芜。人们不能忘记这些东西曾经是自己日常的亲密伙伴。我们不能说，那些只不过是一般的器物罢了。每天人们与它们一同度过了疗愈身心的时光。为了纾解烦忧，所有选上的器皿都具备好的器型，以及好的颜色与模样。我们不能忘却，陶工将美包覆于器物之中。这些东西的制作都是为了点缀人们的环境、慰藉眼球、舒缓心情。我们在日常生活中，不知不觉地透过这些不为人知的美而感到温馨。今日的人们在这样喧闹繁杂的生活中，难道不会想去珍惜与回顾拥有它们的余裕[1]吗？我总是认为这样的余裕是珍贵时间里的一部分。但这样的余裕不能回归到财力。真的余裕是从心里产生的，富有并无法催生美的心念。然而因为有美的心念，才能丰硕我们的生活。

假设我们都有一颗温润的心，在这个生硬的窑艺世界里，还是能够发现那隐匿起来的心中伙伴。我们不能说，那不过是一个趣味的世界，然后转头就走。在这当中有我们无法预知的神秘与惊叹。若是接触过那个世界的话，透过那些美，我们得以品味民族情感、时代文化、大自然环境，以及人类与美之间

1　余裕指的是精神上的充盈与悠游自在的状态。

的关系。如果仅停留在玩赏趣味的境界，那将会是因为观赏者的心态萎靡，而并非器物的过度肤浅。假设能贴近上述的内容，那将能引导我们进入深层的世界。美不就是深度吗？我并不是没发觉到，事实上长久以来我的宗教思想，也受到这些器物的影响而孕育成长。对于我身边所搜集的许多作品，我总是觉得感谢之情满溢而无法表示缄默。

特别是陶瓷器的美是"亲近熟悉"的美。我们在这些器物里，找到了安静而亲近的伙伴，它们总是伴随在身边，并且几乎不会来扰乱我们的心，而是一直在屋内迎接着我们。人们只需依据自己的喜好来选择器物，而这些器物又常常静静地等着被放置在我们喜欢的地方。制作这些东西的目的不就是被人们注视到吗？安静而沉默的器物，也必然呼应了拥有者内心世界的情感。我认为我们对器物所具备的爱的内涵不能有所怀疑。这些器物不是有着美的姿态吗？而且这样的美不就是从物主内心产生的吗？这像是可怜的且单相思的恋人。对疲惫的我们而言，它们的存在就像是无比厚实又沉默的安慰之手。它们时时刻刻地都会记得物主。它们的美是始终不变的吧。不，应该说它们的美是会与日俱增的吧。我们也不该忘了它们的爱。当它们的姿态吸引住目光时，我们为何要忍住或执意不去触碰呢？爱惜它们的人必定会将它们捧在手心。当我们注视着它时，这些器物看起来对我们的手也会有倾慕之情。人的手对于器而言，一定有着如同在母亲怀中温暖的滋味。世上哪里会有令人不去爱的陶瓷器呢？如果有，那是由于制作者的手是冰冷的，或是欣赏者看的角度是冰冷的所致吧。

伴随着我从器物里所感受到的爱，我不得不去想象陶工是如何用爱来创造它们的。我常想象有一位陶工将一只壶置放于自己面前，没有杂念地将他的爱往茶壶里灌注的情景。试着想象在制作一只壶的某个瞬间，这个世上只剩下壶与作者两人。不，或许应该说在毫无杂念的制作当下，壶活在他之中而他也活在壶之中。爱在两者之间贯穿无阻。在流淌的情爱之中，美自然地孕育而生。读者们曾经读过陶工的传记吗？真诚地对美侍奉一生的实例常常在那里可以读到。重复着各种试练，历经无数次失败又无数次重新鼓起勇气，冷落家庭，散尽私财，这些致力于制陶工作的陶工们的身影，我是无法忘怀的。在柴窑里不间断地反复烧陶，直至购买木柴的资金耗尽，剩下的只有自家木造房子的木柴，这种情景读者们曾经想象过吗？实际上，在历经陶工数度烧窑烧到浑然忘我的异常事件中，优秀的作品才得以问世。陶工在制作时，是真心投入在自己热爱的作品世界里。我们不该冷落与忽略作品里所包裹的热情。如果不去爱，美如何能孕生？陶瓷器的美，也是透过这般的爱才得以展现。器是为了使用而存在的。即便如此，你若是认为单从功利的考虑就能烧制的话就错了。所谓真正好的器，同时必定是意味着美的器。它超越了功利思维的境界。陶工心中满怀着爱时，就能做出优秀的作品。真正美的作品，是作者乐在制作过程时才会问世。单单基于功利思维而作的器，会显得丑陋。

当作者的心境是处于无欲状态时，器也好，心也好，都会接收美。在一切都忘却的刹那，是美莅临的刹那。近代的窑艺[1]会显得那般地丑，则是由功利心所呈现出的物质结果。我们不能认为陶瓷器只不过是器。与其说是器，毋宁说是心。那是满怀爱的心。我认为那种美是充满着平易近人的心之美。

对于在此所谈论的美到底是如何产生的，读者不得不深切地反思。陶瓷器的深度，经常超越冷冰冰的科学或是机械工法。美始终会追求回归自然。即便演变到现在，要烧美的器物时，仍需仰赖木柴。任何人为的热力，也无法烧出如同柴窑所烧出的温润韵味。即便演变到今日，辘轳[2]依旧渴望着作者自由的手。规则的机械动力欠缺雕塑美器的能力。能以最好的效果来磨碎釉药的，还是作者那双迟缓且动作不规则的手。单纯规则的律动是无法产生美的。石块、陶土与色料，我们要去追求的是天然的素材。并且都很清楚，近代的化学发展所赠予我们的人工色料是多么丑。如果到了朝鲜，甚至到了中国也常常会发现摇晃得很厉害的辘轳。我们并不是想不到，自古以来这样不规整的工具反而产生了自然不做作的美。科学建立规则，而艺术则是向往自由。古代人即便没有化学概念，但也能创作出美的作品。近代的人拥抱化学概念，却缺乏艺术感。制陶技术的研究日益精微，但是化学技术尚未能完善地制作出美的

1　窑艺，指的是窑烧的作品。

2　辘轳：制陶拉坯成形时所用带转盘与台面的工作器具。

作品。我并非喜欢批判今日科学那尚有缺陷的状态，但是科学家应对科学发展的极限不得不表示谦卑。科学的相对论无法侵犯美学的境界。科学必须是对美学表示服从与奉献的科学。如果不是让心去支配机械，而是反过来让心被机械支配时，艺术将永远弃我们而去。规则也是一种美。然而对于艺术而言，不规则是创造更大的美的要素。或许最高境界的美，是当这两者协调在一起时才会诞生。我总是认为，不规则中的规则能呈现出最高度的美。不具备不规则的规则，只不过是单纯的机械作业。不包含规则的不规则，只不过是呈现紊乱。（中国或朝鲜的陶瓷器为何这么美，是因为当中所流淌的不规则中有规则，未完成中具备完成度。日本多数的作品倾向于追求完成度，因此常常失去了生气。）

二

为了唤起读者的注意，在此我要将构成陶瓷器的美学的种种要素作出整理。窑艺也是一种空间雕塑艺术。具有体积或纵深等，整体上必须具备能体现立体造型的性质。特别是在窑艺里，构成优美造型的根本要素，就是"形"之美。贫弱的形从方便性或美学观点来看，并不能成为好的器。圆鼓鼓的、锐角的、庄严的躯体等，这些都是随着形的变化所产生的美。陶瓷器不可或缺的稳定性也是来自形的力量。形始终是确切踏实的庄严美的基调。特别能突出此点的，就是中国的作品。形因为这民族而变得更丰富且更稳固。中国所品味的形之美，直接让人联想到大地庄严的美。能够让这强大民族将他们的心好好托付住的对象，不是颜色，不是线条，而是具有体量的"形"。大地教诲下的儒教，犹如中国的民族宗教般；而因大地变得更稳固的形，则是这个民族所追求的美。被称为威严、坚实、庄严等这类象征强大的美，主要都是透过形所呈现出来的。

读者们不知是否曾看过一种神秘的现象，那就是在旋转的辘轳上，透过人的手就能创造出一种形体呢？这与其说是手的创造，不如说是心的作为。陶工在创造过程的每个刹那中，认真地体会着某些事情。美的突显是不可思议的。心的作为是微妙的。在形极致细微的变化里，真正的美与丑是有区隔的。捏塑出一个好的形，才是一种真正的创造。世间没有任何耐人寻味的形是由卑下的心创作出来的。如同水的形状是伴随着容器而改变，器的形则是随着心而变化。被称为地之人的强大中国民族，过去曾是安置于地上那庄严的形之美的创造者，我是这般意味深长地思考着。

占有立体空间的窑艺，是另一种类型的雕刻。我总认为雕刻的法则也可从中探索。陶瓷器所展现出的美形，不就是器自身从人体那里所得到的暗示吗？这当中若保有人体内所流淌的自然法则，那器也会活出自然的美。在脑海中想象一个花瓶，稍微往上展开的顶部暗示着头部，也可以常常将这部分看成美丽的面庞。这里有时不也会增添一对耳朵吗？延展向下狭窄的部分是颈部。花瓶周身与人体近似，常常是美不胜收的。从面颊以下到颈部再到肩部的线条，足以让人联想到人体的姿态。接着是器的构造中常会有的主体，也就是躯干。此处总是附有丰满且健康的肉身。如果没有肉身，器就无法是器。这与我们的肉体相似。有时陶工不会忘记沿着肩部左右两侧增添把手。不仅如此，还有那高台[1]是使器得以站立的足部。好的高台能使器站立在地上安如泰山。我认为这样的思考方式并非穿凿附会。就像人体的伫立方法涵括着遵守安定的法则，一只花瓶也会遵循着相同的法则，持有安定的分量与美来装饰空间。我常常把器的表面与人的肌肤做联想。一只壶也就是一座裸体雕像。我认为这样的想法能让我更靠近美的神秘。器也具备富含生命的人体姿态。

接下来我必须谈到陶瓷器构成的两个重要的要素，一是"素地"[2]，一是"釉药"。

素地是陶瓷器的骨与肉。一般素地分瓷土与陶土两种。瓷器的瓷土是半透明，陶器的陶土是不透明。器的种类虽繁多，但不是瓷土就是陶土，或者是结合这两者的变化而成。坚硬或柔软、锐利或温润的对立，主要是与素地有关。喜欢庄严、坚固与锐利的人会爱好瓷器吧。追求情趣、温和与润泽的人，则

---

1 高台：茶碗与钵的底部附着以低矮的圆形环状底座，原本是为了器物放置的安定，现在成为赏器的元素之一。

2 素地：在陶瓷上通常指的是原料土的素材，或已经成形但未上釉的素坯。

会比较喜爱陶器吧。石材的坚硬与陶土的柔软组成了两种不同
性质的器。明代的瓷器与我们的乐烧是很好的对比。在严苛气
候的大陆下生长立足的民族，会用年代久远的坚硬瓷土或是炽
烈的高温来制作锐利的瓷器，而历史尚浅的岛国乐天民族，则
会用柔软的黏土与稳定的温度来制作陶器。那样的自然始终是
这个民族的美之母。当文化达到了高峰，一切都发展到协调之
美的宋代，陶瓷两者结合在一起。在那个时代的人们不是很喜
欢将石材与陶土混着使用吗？做出来的作品刚柔合一。两种极
端因此融合，并取得平衡。我由衷觉得在自然绝佳的调和之
下，能实践出圆满的文化。

无法不和素地相提并论的是釉药。透过釉药，器才能得到装
饰。器有时会透过澄澈如水的肌肤，有时会透过如晨雾般的肌肤
来向我们展示它的肉体美。而表面的润泽，才是为器之美里增添
最后韵味的关键。透明、半透明的，或甚至不透明的釉药，有时
会让器原本就具有的多光泽性质折射出更浓厚的气质。乍看相似
于玻璃材质，却也存在着无限的变化。读者是否曾想过，这样的
玻璃态常常是从草木的灰烬孕育的？一度已死的灰烬，借由火的
势头以玻璃状态复苏时，依旧存留着草木的个性，还给予了器各
式各样的不同面貌，大家不觉得这是很耐人寻味的事吗？陶瓷器
的美不光是靠人的双手所创。自然界会守护着这样的美。

当谈到作为器的肌肤的釉药时，我必然要提到一些与
"面"之美相关的话题。我认为面是生成器之美重要的元素。
无论是透过光的照射而产生的锐利感，或让人感到温情，这些

都是由面的变化而产生。我常常在面当中感受到人体脉搏的跃动。我们不能将它们当成是冰冷的器。这个面的内侧窜流着血液、保有着体温。看见美的作品时，我无法不去伸手碰触。面总是渴望着我们温暖的触觉。就像优秀的茶宴的器物，不正是等待着我们的唇，与深爱着我们的手吗？对于陶工们总是想用心地提供最好的使用体验，我无法视若无睹。

但是面之美要诉诸的不是我们的触觉。经由与光正确的结合，面之美会锐利地吸引住我们的目光。有心人会去注意到，必须好好选取器的摆放场所。面之于光的感觉是敏锐的。沉静的器必须放置在沉静的光源下，这样才会让我们的心安静下来，去品味沉默的美。当强而有力的面顺着器体形状被展现而出，那就不能置放在光源贫瘠的场所。面会借由阴影的美，让器更加清楚地浮现在我们的眼前。

关于面的各种性质，取决于形、素地还有釉药，而决定美的关键之一在于窑烧方式。实际上，构成面的秘密在于釉药的熔合状态。在制陶技术里，包覆着最神秘面纱的恐怕是窑火性质。温度的高低自不在话下，空气对流的强弱、火痕与落灰的多寡、时间的长短，还有燃料的性质等，这些无法预知的不可思议的因素，决定了器的美丑。尤其"氧化焰"与"还原焰"[1]

1　陶瓷的烧制需要一种环境，专业术语称为"氛围"。氛围有两种，一种是"氧化"，一种是"还原"。窑炉敞开火门让氧气进入，称为氧化氛围；只让少许氧气进入而闷着火，称为还原氛围。例如，以铜为发色剂，在氧化氛围下烧制会成为绿色，在还原氛围下烧制会成为红色。

的差异，是左右面与色泽性质的直接因素。概括地说，宋窑与
高丽窑的美好像是寄托于后者，明窑（图❶）则是前者。落灰
使器物沉静，火痕使器物澄澈。还原让美显得含蓄，氧化让美
向外突显。在烧到既不殆尽但又不残留的"不来不去"的分界
上，面将它的神秘深深地托付其中。但不单只有面，颜色也会
因为温度的高低而决定美丑。

接下来我要谈谈关于"色"之美的议题。陶瓷器在色泽上
也必须呈现出美之心。至今为止，透过特殊的素地与釉药，能
呈现出最美颜色的是白瓷与青瓷吧。我认为这已达到瓷器颜色
发展的尖端。其次我喜好的是"天目"[1]（图❷）的黑色与"柿
染"的褐色。这些单纯内敛的色调，是赠予陶器最令人惊艳的
美的关键。人们不应该认为白或黑都只是单一颜色，也不能认
为这些是缺乏色泽的颜色。如果是白色，有纯白、粉白、青
白、灰白等。这些颜色各自展现出人们不同的内心世界。假设
这等至纯颜色的秘密能够解开，人们就不会想再追求更多颜色
了。随着追求美的心不断前进，最后人们总会回归到纯色。好
的白色或好的黑色不易获得。那不是单一颜色，而是最深邃颜
色的世界。也可以说是涵盖一切颜色。它们有着朴素的美。

陶瓷器所用的颜料中，我总会想到吴须。那被称为"染
付"的蓝。中国人很艺术地称之为"青花"。就像是明朝的古

1　天目，指的是天目茶碗，是源于中国宋朝的一种黑釉茶碗。宋朝时期日
本僧人至中国求法，尤其是到寺院林立的浙江天目山。因日本僧人携回的
黑釉茶碗是从天目山中的寺院带出，故将带回的茶碗称为天目碗。

❶ 明　青花树鸟绘大壶

❷ 唐物　曜变天目

青花，这颜色与瓷器之间总是有着高度协调感，几乎无法将两者拆开。那是完全能让人感动的基础色彩。当一切越接近自然时，美就越加清晰了。当落灰让呈色稍稍内敛时，这样的色调会加深美感。像是由化学染料所做成的艳丽的蓝，到头来只会夺走美感。这样人工的纯色，从自然界来看是不纯的。这里的美之所以会显得稀薄，是因为缺乏了自然的加持。其次我喜欢的是铁砂与朱砂。通常前者会让美显得艳丽，后者会让美显得娇美。铁砂适合呈现奔放韵味，朱砂则会增添娇美气息。

然而陶瓷器的色彩发展到被称为五彩的"赤绘"时，可说是将温婉的美呈现到极致。色彩在此成就了更多样化的美丽。喜好绚烂美的人怎么会忘得了赤绘呢？这里头甚至还融汇着绘画要素。中国在釉上彩这方面依旧遥遥领先。那锐利厚重色彩所呈现出的绚烂华丽感，有谁能出其右呢？但是能以温厚、优雅、快乐之美虏获人心的恐怕还是日本色彩。这个岛国温顺而自然的色彩，也应用于釉上彩之上，我们习惯称之为"锦手"。这是因为这颜色有着像是绫罗绸缎般的美，突出的色彩，虽然会增添华丽感，但同时也会让美顿失力量与生气。绚丽的器物不易流传久远。在日本的赤绘中，古九谷是最上乘的。

描述色彩的同时，必然会触及"纹样"。这是陶瓷器必然具备的要素，而且我们必须观察到纹样蕴藏着美感。窑艺立体的性质，含括雕刻的意义，加上纹样后又会贴近绘画的意涵。纹样常常让器变美了。概略来看，在古代到近代的推移过程中，纹样显得越来越复杂，色彩的强度也逐渐地增加，然而美感却向下沉沦。我们不能要求率真的纹样要有复杂的画风，但纹样必须具备装饰的性质。正确的装饰艺术始终含有象征性的品味。但象征并非叙述。无益与烦琐的写实葬送了美的暗示性。只要心能够深深地浸润在美的世界里，单单两三条简单的笔致所画出来的纹样，就已经很充足。正像是绘画的基础存在于素描之中，纹样也是要活在素描的生气中，才会呈现出最美的时刻。复杂的图案里难以发现优秀的纹样。与自然界有着密切关系的古代作品，只会呈现极为简单的纹样。宋代的白瓷（图❸）青瓷里常常见到的如同栉目[1]般的纹样，这可以说是纹样中的纹样。这里没有借用任何颜色，且明显地几乎没有画上任何图样。然而从自由自在且生气勃勃的象征性美感来看，能超越它们纹样的作品，应该极为稀少吧。那奔放的刷毛目[2]也被称为寄托于自然界的纹样。古人以单纯的纹样，来深化器的美。但是近代人以复杂的纹样扼杀了器的生机。我常常发现如果没有纹样，就能更呈现出美感的器物。有时从出自无名者之手的最普通器中，反而常常看到优雅的纹样。那是因

1　栉目：素地的装饰技法之一。当素地的表面还柔软时，在上面以竹梳或金属梳描出并行线、波形、漩涡、点线等纹样。

2　刷毛目：陶瓷术语，将白色化妆土用毛刷刷在器物上，外罩透明釉，不施任何镶嵌或绘画装饰，呈现一种自然天成的感觉。是李朝时期瓷器重要的装饰技法之一。

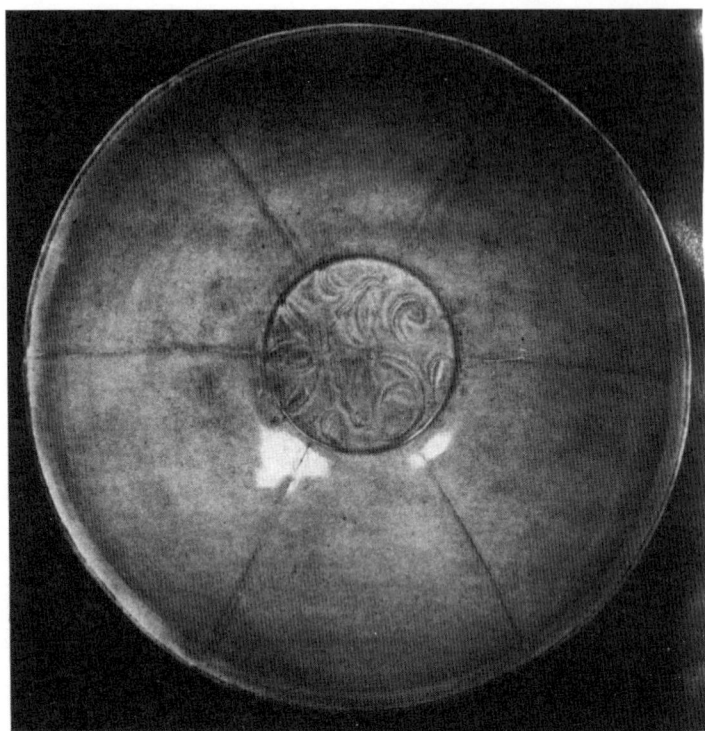

❸ 宋　定窑　白瓷草花刻纹碗

为作者没有画匠意识，能无心而率直地作画所致。又，常常在传统纹样里发现优雅的笔迹。这样的美，并非来自画者刻意地将自己的意识加诸画作，而是单纯运笔所致。在日本著名的陶工当中，最了解纹样意义，且能产出丰富纹样的可以说是颖川与初代的乾山（图❹）等。从他们的笔致当中可以感受到自由。

其次我留意到"线"之美。如果将轮廓和纹样等从形体抽离的话，或许我们就无法讨论线了。特别是朝鲜的陶瓷器里，线在美学上具有独自的意涵。对这个民族来说，能托付于心之美的并非庄严的形，亦非讨喜的色。由又长又细的线所勾勒出的曲线，能适当地呈现这个民族的心。有谁会不从如倾诉般的线条当中，去读取那难以表达的情感呢？与其说器有着一个明确的形体，毋宁说这是一条流淌的曲线来得更贴切。器并非停止伫立于地上。它呈现的是要远离无情的地，与向往着天的姿态。切不断且连绵不绝的线条，想要表达的是什么？线向我们

❹尾形乾山作　菊之绘钵

展现了闲寂之美。那是一种以憧憬之心来虏获人们泪水的美。能活在线条当中的器，是具有情感的器。

这些众多关于美的要素姑且不论，我认为在器里还有一项构成美的重要成分，那就是来自"触感"的美。将器的命运交付给转动的辘轳时，透过指头传来的触感是相当敏锐的。在这过程里，人所体会到的感觉非常直接。让茶器这般雅致的物件保有触感，是极为重要的一件事。在不使用辘轳的情况，保有触感则更不在话下。陶瓷器是触觉的艺术。这样的触感在"切削"过程中，会增添新的风韵。刀的接触面常常给人一种放荡不羁的雅致。好的陶工不会扼杀自然产生的触感之美。好的器在接触面上始终残留着这类的触感。不，因为保有触感，所以器才能散发出美的气息。因过度加工而显得光滑平顺的器物不会带有生气。即便从"注浆"的制法当中，我依旧能察觉到自然产生出来的沉稳触感。茶人会去探索经常被藏匿在茶器高台内侧的触感美，这点很吸引我。

无论是纹样或是线条，都必须有好的触感。自然滑顺游走的笔锋，会将美提升到自然不造作的境界。这并非人为做作之美，而是生动的美。好的触感会有着自然惟妙惟肖的光芒。如果错过这道光芒，美将再也回不到陶工手中。在手法的运用过程中，是不允许有任何的踌躇。即便是些许的狐疑，也会将美从器当中剥夺。二次、三次重新修正、削切，反复犹豫的话，器的美会丧失殆尽。好的陶工始终不会错过从自然孕育而生的那道光芒。当把一切托付给自然，忘却自己那双工艺之手时，美已经被他握在手里。

通过以上种种性质的检阅之后，"味"将是决定整体走向美或丑的最终命运的关键。这是一种超乎言语境界的韵味。无论技巧多么地绚丽，形或釉药如何地尽善尽美，若失了韵味将流于空虚。无论是气质或沉稳感，内涵或是润泽度，这些全都是这道隐藏于味之中的力量所产生的。所谓的韵味指的是蕴含在深层的韵味。外显的美，会削弱韵味，内蕴的话会让美更有深度。"韵味"指的是"内蕴"。正因为美蕴藏在深不见底的内里，所以才能从中汲取到无止尽的韵味。好的韵味也意味着不会令人产生厌倦。这暗示着想捕捉却徒劳无功的无限可能。韵味是一种象征性的美。所以将美向外突显的器是缺乏韵味的器，说那是说教式的美也不为过。好的韵味是"被层层包覆的韵味"。当美蕴藏在极深处，韵味就会达到极致。对于这般暗藏于深处的极致美，人们习惯以"涩味"来称之。实际上所有的韵味，最终不是都会回到带有涩味的韵味之中吗？涩味是玄之美。借用老子令人叹为观止的说法，就是"玄之又玄"。玄是隐匿的世界，密意[1]的世界。涩味就是玄之美（概括来说，是让美蕴含在深处的手法。用窑中氛围来说，就是相互交织着氧化与还原；用火的轻重来说，与其过强不如稍弱为佳；就颜色来讲，与其是绚丽多彩的颜色，不如是单色内敛；就釉药来看，与其是透

1　密意：佛语。被深度隐藏的真理。

明的，不如稍稍哑光¹为佳；就素地来说，与其是过硬，不如是
稍稍柔软的陶土为宜；用纹样来说，与其是细致的绘图，不如是
简单的线条为佳；从形的角度来看，与其造型繁复，不如是流畅
为宜；就面的角度来看，与其是滑顺耀眼的，不如是光泽内蕴而
沉静的设计）。

　　形之器即是心之器。也就是说，密意永远会归结到制陶
工匠的心。带有涩味的风韵来自更适于散发出韵味带有涩味的
心。在那样的作品里呈现的是陶工自我忏悔的姿态。心若是缺
乏韵味，就不会制作出带有韵味的器。心如果肤浅与卑俗，
就做不出具有深度的器。就像皈依宗教时不得不经历涤罪的阶
段，陶工的心也是在接受净化时才得以进入美的庙宇。人不能
把器当作单纯的物来看待。与其说是物质，不如说是心。唯有
在看穿肉眼仅能看见的姿态时，没有形体的心才会泉涌而出。
又，也可以说物是将肉眼看不见的心所呈现出来的型。即便是
器物，里头也有着具有生命力的心的气息。那并非一件冰冷的
器物，而是有着心的温度的器物。静默的彼处，有着人的声音
与自然的耳语。器的深度就是人的深度，是清净的性情。透过
过着丰富且真情生活的人的双手，真正有深度的作品才得以诞
生。又，透过如同古人一样能够活得这般自然的心，回味无穷
的韵味才能渗入器中。

　　有种美得以永驻不变，那是因为被自然力守护着。丧失对

1　哑光：相对于陶瓷釉面呈现的光亮质感，我们以"雾面"或"哑光"来
形容陶瓷表面效果，没有眩光，不刺眼，给人以稳重素雅的感觉。

自然的信仰，就创作不出美的器。只有全方位地与自然调和，才能活出自己与活出美。把自己托付给自然，意味着是顺着自然的力量生存。将自己奉献给自然的刹那，就是自然降临于我身上的瞬间。好的陶工对自然会抱着虔敬的态度。若对自然感到任何一丝的怀疑，那些都只不过是亵渎自然的表现。宗教家会对怀疑感到恐惧，相同地，对陶工来说，踌躇代表着毁灭。假设要在一只盘子上作画，要是对自然不抱持信仰，无法将自己委托给自然，那他的笔致又如何灵活得起来？那些丑陋的线条，不都正是一些呈现出踌躇与胆怯的线条吗？笔触会呈现出"流畅"是因为与自然呈现协调。若是刻意加入违逆自然的造作，笔触会显得顿挫。过度的技巧常常会剥夺器物的生气。因为技巧是造作的作为。超越造作顺应自然的片刻，就是绽放美的瞬间。好的纹样往往是无心与自然的画作。境界高的沉思者都会爱惜赤子之心。无法进入无我境界的人，是不能成为优秀的陶工的。并非只有宗教家才会活在信仰之中。陶工的作品也是一种信仰的呈现。丑陋则是疑惑的征兆。

三

在描绘各式各样塑造陶瓷器之美的性质后，我打算举出例子，将美能更具体地传达给读者。

我特别喜欢宋窑（图❺）。如果朝古代溯源的话，那个时代的窑艺之美早就达到了极致。看到那些作品时，像是凝视着

❺ 宋　汝窑　天青釉青瓷

绝对的极品一般。对我而言与其说那些是器，不如说是美的经
典来得更贴切，在那里我们得以汲取终极的真理。宋窑其实是
向我们展现了无限的美，因此同时也提供了无限的真理。为什
么宋窑能展现那样崇高的品格与深刻的美呢？我认为那样的美
始终是以"一"的世界展现在我们面前的。"一"不就是那温
煦的思考者普罗提诺（Plotinus）[1] 所领悟的美吗？我不曾见过
宋窑里有撕裂的二元对立。那里始终是刚柔并济的结合，动与
静的交织。那个在唐宋的时代里令人深切玩味的"中观""圆
融""相即"等终极的佛教思想，就这样忠实地被呈现出来。

1　普罗提诺（Plotinus，204—270）：新柏拉图学派最著名的哲学家，
被认为是新柏拉图主义之父。普罗提诺出生于埃及，主张有神论，同时主
张神秘主义。他不是基督徒，但他的哲学对当时基督教的教父哲学产生了
极大影响。

还有那"中庸"不二的性质，至今依然存在于宋窑的美感之中。这并非我的凭空想象。试着将这样的器拿在手中细看时会发现，这不就是瓷与陶交织而成的吗？那既不倾向于石，也不偏向于土，两个极端的性质在此交融，将二糅合为不二。不仅如此，那烧到既不殆尽又不残留的不二境地里，器将自身的美委身其中，面看起来虽总是显露于外却又表现出内敛。内与外的交错。色是明与暗的结合。使用的温度大概在千度吧。不用说这显示出陶瓷器所需要的温度也是以中庸来表现。我无时无刻不认为那是"一"的美。这呈现出来的不就是圆相¹吗？当中有的不正是中观的美吗？我始终认为这样的特质让宋窑成为永远。在内里有着静谧的安稳。我们如果心乱如麻，就品味不到宋窑的美。（我是这么想的，这个世间最美的作品都有着与此类似的性质。高丽时期的作品就不用说了，李朝的三岛手²、波斯的古作品、意大利花饰彩陶、荷兰的Delft陶器，还有英国的泥釉陶〔Slipware〕，全都有与宋窑接近的素地和温度。我所喜欢的古唐津与古濑户〔图❻〕这类的器物，也类属于这一个群体。我对于陶瓷器这类的性质，几乎没有任何相关的学识。但总会察觉到，这些东西所呈现的美的韵味，有着显著的共通点。）

　　我每一次想到宋窑的美时，就想着那样的时代背景下的

1　圆相：禅宗的一个符号，为一个用一笔就可以画完的圆形图案。

2　三岛手：高丽茶碗之一。

❻ 古濑户 划花四乳壶

文化。宋接收唐的人文时，正是文化达到成熟的时刻。那个时代是东洋的黄金时代。宋窑是时代的产物。何时我们得以再透过器来品味圆融与相即的文化呢？当看见今日那些丑陋的作品时，对于这个被戕害的时代，我并非无感。以陶瓷器之国闻名的日本，这个应该当之无愧的正当名誉，何时才能再迎回呢？时代正激励着某些人的崛起。

国家的历史与自然，总会决定陶瓷器的美的方向。在那寒暖严酷，幅员辽阔，什么都巨大的中国，那最敏锐最沉重，最庞大最健壮伟大的美，会伴随着时代出现是必然的命数。随着宋到元、元到明的历史推移，美朝着新的方向转变。明朝正是瓷器的时代。尽数要求逼近于锐利与坚固，面对一个极端时，为了保持着全面的控制，会使用另一个极端来掌控。在这里无法冀求明窑有宋窑般温润的韵味，然而美在锐利之中，也改变了姿容。它们将硬石在高温状态下烧结，用适合的深蓝，在上面清楚地画下各种图案。即便在细微的笔迹里，也含有如同铁针般的锐利感。这不禁令人怀疑那坚硬的素地、强烈的颜色与线条到底是从哪里来的？时代为了永远用伟大的瓷器来纪念人类，它用青花那鲜艳的颜色，将"宣德"、"成化"、"万历"（图❼）、"天启"（图❽）等字画在器物里。

在陶瓷器的领域里中国真可以说是伟大的中国，然而人们对于这样的美，那过度强而有力的威慑是否能够承受？有时能感觉到难以靠近，甚至难以冒犯的滋味吧。假设从中国进入朝鲜，我们像是突然进入了另一个世界。如果将前者比喻为君主的威严，后者则像是王妃的趣味。我们从激烈的夏日之光，移动到美丽的秋日孤寂，是自然从大陆到半岛的变化。

❼ 明　万历　五彩花鸟纹香炉

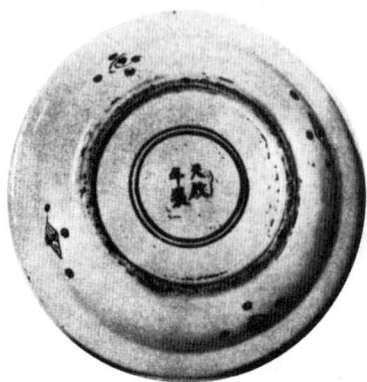

❽明　天启　彩绘湖畔图碗

　　打个比方，高丽在早期就有宋窑的移入，但高丽的作品本身具有的美，并未受到侵犯。应该没有比处在当中，还更能令我们感受到美的吸引与美的诱惑吧。那掳获人心的优雅，也诱发了所有的情感。她在我们面前展示的美，没有一次是强势的。但是谁能打消想更亲近她的念头呢？她是这般焦急地等待着心的到访，憧憬着人们的爱惜。谁会在回顾她时，在那样的姿态里忘却恋情呢？器将苦闷的情感委托于长长的线条，我不假思索地用双手紧紧地将其抱起。在随风飘动的柳荫里，两三只水禽划出安静的波纹，周遭的浮萍仅仅稀疏地生长着。这样的风景中没有声音，安静地沉潜于苍绿间，像伫立一般地飘浮着。我试着以眼记述着另一处的景色。高空中断断续续的云朵里，白鹤两三只，向着何方怎样飞呢？只是映入眼帘的只有这些东西。这些全都不属于这个世间，而是仅能在梦中看见的心的创作。虽然并不知道是什么，但是当凝视着这样的姿态时，内心如同被寂寞压倒了一般，那流淌的曲线始终是悲伤的象征。我常常透过这样的美，在内心里倾听该民族的诉求。不间断的苦难的历史，将心托付予这样的美。

　　线条其实是情感。我还未曾看过比朝鲜的更美、更幽寂的线条。那是在人情里浸润的线条。在朝鲜固有的线条中，保有着那不可侵犯的美。无论如何地模仿与追随，在它们面前是没有意义的。对于这当中存在的线条和情感的内部关系，人是无法将其分裂为二的。线条的美实际上是敏锐而纤细的，丝毫的矫正也可能让美的立足点消亡。我希望读者哪一天能参访位于朝鲜京城的李王家博物馆[1]，那是高丽建筑中真正美的宫殿。所有访问过那里的人们，应该不希望再次发生对这个民族横刀相向的事吧。

我在谈论高丽之美的序言里，对于改朝换代时所出现的作品有一句话要添加上去。如同瓷器在宋朝进入明朝时面临的转变一样，高丽在进入李朝（图❾、图❿）时代时，高丽风格突然发生了改变。伴随着一个新的王朝生气勃发的崛起，其气势会自然高涨，风韵会径自取得新的力量。如同明朝在瓷器里融入了锐利之美，我们得以接触到在李朝所复苏的量之美。史学家一般似乎并不认同李朝有艺术的存在，然而至少在陶瓷器里并非如此。我常常发现与高丽的创作可以匹敌的伟大作品，在此我想指出两件有趣的事。至少在瓷器里，显著的事实是朝鲜并未模仿明风。在形里，或者线里，甚至在釉药里都是呈现出自身既有的美。当中最容易立即被注意到的，是上面描绘的纹样。那绝对是独步的。我认为李朝的作品是相对于高丽而言的反作用力，并注意到这时的美朝新的方向发展了。这可以说是朝鲜在李朝时期，宣告他们举起了一面更鲜明的独立风气大旗。总体来说中国、日本、朝鲜，到唐宋时代为止看起来几乎是一个文化的发展。然而从高丽挪移到李朝的改朝换代，朝鲜就自立了。在政治关系上，国家的独立仍不被允许吧，但是

1　李王家博物馆：前身为"帝室博物馆"，创立于1909年。日本占领朝鲜半岛后，更名为"李王家博物馆"。1972年，博物馆正式被命名为"国立中央博物馆"，并于2005年迁移至龙山家族公园区的现址。

❾ 李朝 铁砂德利

❿ 李朝 釉里红壶

在生活与风俗，还有在工艺里，明显地描绘了一个自律的新时代。这至少在陶瓷器里是真理。

第二是有一件重要的事我们不得不去注意。伴随时代发展，技巧会倾向精致，纹样的复杂度会加重，从而使美的生气全失。然而我们在李朝的作品中可以见到显著的例外。在我目前持续关注的陶瓷器领域中，这点是无法否定的事实。形更加宏伟，纹样单纯化，手法变得无心，而且在崭新的美的表现里，显现了惊人的效果。我们在那称不上纹样的两三条无造作的笔迹里，能遇见那生气勃勃的生命之美。一只鸟、一朵花，还有一串果实，都是他们所选择的朴素纹样。所用的彩料只有青花与铁砂，以及一点点的朱砂。中国与日本能见到的绚烂的赤绘，他们丝毫不迷恋。时代像是追求巩固的、单纯的、朴素的美。那大胆的切削面的手法，实际上是为了营造出石材般的坚实与宏大感。偶尔也会展现出犹如地柱般的稳定感。还有不得不注意的是在李朝时期所加上的直线的要素。在形里、色里、纹样里，所有的一切都很率直。在此时代之后的手法回归到单纯。这个事实是近代艺术史里极有意思的特例。这单纯的手法中依然含有这个民族的情感，这一点请别忘记了。虽说缺少了如同高丽般纤细的美，但是我并不会舍弃那苏醒的崭新的美。所谓三岛手（图⓫）这样的韵味的美是绝顶的美。所有伟大的作品通常不就是单纯的作品吗？我在彼处朝气蓬勃地感受到亲近了朝鲜之心的喜悦。在这些作品里，我们无心而率直地感受到接触这个民族，与碰触到美时的喜悦。

论述了中国与朝鲜的作品后，必然接下来对于日本陶瓷器得要增添数句话。在烧窑的技艺里，原本邻国的影响就很大，日本有技巧地透过自己的感情将美柔化了。自然从大陆到半岛，再从半岛移动到岛国。只要是旅行者谁都能察觉得到吧，平稳的山，安静流淌的河流，温暖的气候，潮湿的空气，绿油油的树木，争相竞艳的花朵。还有守护着国度的海，没有外乱

⓫高丽茶碗　三岛手

的历史，人们悠游自在。没有比能在这样的国度里，还更能够
心有余裕地去享受美的民族吧？因此呈现出我们的心的器之
美，并非像是中国所散发的强大之美，也非朝鲜所表现的孤寂
的美。喜乐的颜色，优雅的造型，柔和的纹样，安静的线条，
尽数是温和的特质。坚硬的瓷器也在日本穿上了优雅的衣着，
例如从中国天启的赤绘到古伊万里（图⑫）的釉上彩的这般鲜
艳，这个变化并不难理解。伴随着享受于这样平稳的、温和的
美，人的爱必然从瓷器移转到陶器。我们最后使用柔软的土创
作出别种器物来。人们在此从温和的静态的美中得到乐趣。他
们赋予了这些作品"乐烧"之名，是很合适的名字。所有的器
物让人每日沉醉于其中。当用两手捧起柔软又温暖的器物，而
与嘴唇相接时，无论如何心都得以品味到，那属于人的既愉悦
又安静的情怀吧。但别忘了许多在此揭露的短板。"乐"常常
在趣味里破灭。

⑫ 古伊万里　赤绘缘钵

　　日本是个重视情趣的国度。除了漆器外，事实上他们的爱集中于陶瓷器。与其说人们使用着陶瓷器，毋宁说是乐在其中。这世上国家虽然很多，但是像我们日本人对陶瓷器有这般着迷程度的民族大概是绝无仅有吧，与过去相较至今都没有改变。因此窑艺深深地被认为是艺术。当这样的看法更加明显，陶工将追求开创各自的艺术世界。于是在中国与朝鲜几乎未曾出现的个人作者终于诞生。是谁谁的作品的说法，受到人们的相当重视。至今有多位天才将他们的传记与他们的作品，当作保留给我们的永恒遗产。

　　但是日本的作品中见到的共通的缺点，是过剩的意识趣味。作者常常失去了无心与无邪之心，过多的作为与过强的苦心，那自然会扼杀了力与美。颜色虽然花哨却失去力道，线条虽然绵密但缺乏气势。因为启动了思考，所以无法赋予器物那无做作的奔放与自然的雅致。我们始终抱持着对于完美的执着。火常常过度了，形则矫枉过正，纹样又过度致密。就这样地将美展露于外，使得韵味无法蕴含在内。在乐烧里常常强调其畸形，流于粗糙，因此显得不自然。太过做作会扼杀了美。在无心与朴素的古代，器表现出的是更深层的美。例如九谷或万古的美的古作品。然而伴随时代发展，美越发稀薄而丑不断增显。

　　单纯与率直当中深藏着美的本意，却常常被误认为是幼稚与平凡的。然而无心并非无知，朴素并非粗杂。最少的作为，保有最多的自然。忘却了自我的刹那，是了解自然的刹那。追

求技巧而遭逢人祸时，自然的加持会远离而去。人工追逐着错
综复杂，自然则追求单纯。刻意的作为是对自然抱持着怀疑，
无心则是对自然抱有信仰。单纯并非匮乏，那是一种深度，是
一种力道。繁杂并非意味丰富，是肤浅是孱弱。不论是形、
色或纹样，越是至纯美则越清晰。这是我所学得的艺术法则。
（然而我想在此增添一句用意深远的话。如果思考着单纯是美
而进行创作的话，心则再度陷入作为之中。让思考单纯化就已
经不再单纯了。因此那样的美显得浅薄且卑微。）

　　我在此道出至纯的、无我的心是美的创造者。在结束前要
添加一则蕴藏在陶瓷器中的小插曲作为结尾。这是从器物所学
得的睿智的一例。

　　大家都有注意到器的高台吧（图❸、图❹），那部分总是被
放在底部而沾满灰尘。然而很多时候这里都隐藏着作者的心。
这个部分常有着非比寻常的美，因为作者始终毫无装饰地在此
将自己展现出来。高台因为是隐匿的部分，人们大多不会添加
什么作为。因此，自然的部分在此被保留得最多。高台里的作
者，恐怕是最无心的作者。他自刻意的作为中获得自由，因此
高台这部分常常让自然的美显得清晰。特别是中国与朝鲜的作
品中，我们不知见到了多少惊人的高台。自然的无做作创造了
雅致，未经装饰的高台里发现了异常强大的美。如果从绘画的
角度而言，可说是素描的力度。在这样的力度之上，器最为安
定。在高台上的器之美，增加了它的稳定性。一般日本的作品期
待完美，而厌恶无做作，高台常常显得贫乏。民窑倒是不同，我

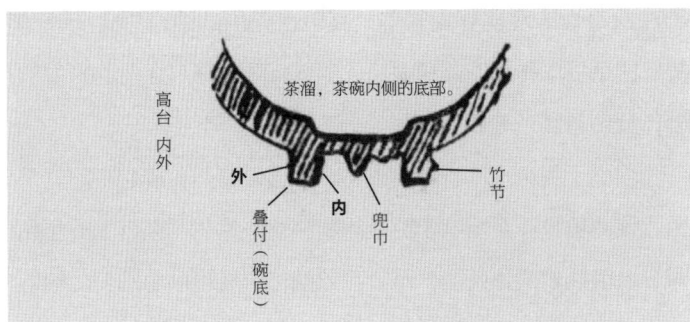

⓭ 高台　茶碗等陶瓷器底部的圈足部分，有内外之分

⓮ 井户茶碗　铭　坂本　右上图为高台底部

们在此不太能发现强大的美。高台上无用的绵密只会扼杀了气势，这是日本作品的共通弱项。那有着"鹰峰"之铭的光悦的茶碗，反倒是刻意牵强地突显无力的例子。

崇尚于各种不同韵味的人，非常喜爱将美包覆起来的这个高台，该情趣是在茶器制作时最需要深切注意的。在日本的作品中对高台很执着的是茶器，作者在此处追求展现触感的美。他们希望将奔放的自由的以及纤细的韵味，包含在这狭小的空间里。这个隐藏起来未被察觉的场所，潜藏着无尽的美，让我心悸动，并感受到无比的润泽。然而在意识下创作出的高台的韵味，再度沉沦于丑陋的作为里。不论何时，陶工将自己的心境在高台中进行告白。高台常常是判断该作品价值的神秘标准。

我接下来将提出的补充，是能孕育美的通则，其他例子也看得到。读者啊，如果对于手中的皿或钵的纹样有机会去玩味，希望能转过来留意一下背面的纹样。你会发现不可思议的是，很多时候背面的纹样会比正面所画的更美。只不过是单纯的一两枝花草，或者是两三条线与简单的点。然而此处的笔触是这般鲜活，心是自由地徜徉。看看线条，有踌躇的痕迹吗？留意一下为什么这么美，在此处所诉说的艺术上的秘密，我并非感觉不到。在正面上描绘时，人意识到美而心有所防备，面对观赏者时是有所准备的。然后在这些都画完后，将隐藏起来的背面的两三个纹样置入时，作者的心舒缓，状态是无心的，回归到了自由。预想不到的自然的美在此鲜明地呈现。尽数委任于自然如是的引导。好的纹样由此诞生。这是在器的背后所隐藏的一个意义深长的小插曲。

　　我对与陶瓷器相关的正确历史几乎毫无认识，相关的化学也不了解。但是我夜以继日地与持续温暖心的美一起生活。当我凝望着这番美姿时，就能忘却自我并超越自我。而且这安静的器，常常引导我朝真理的国度迈进。让我得以回顾美的意义是什么，心能成就何事，自然包含了什么样的秘密等。对我而言，器是信仰的展现，具有哲理的深度。对于面前所呈现的美，我不能让他们变得无益。而感受的愉悦，也不能够徒然地将之否定。有一个微不足道的希望是，如果我的心意能传递给每一个人，那喜悦将会是难以言喻的。

启彰导读
美，对观赏者也是一种修行

此篇里有两个令人印象深刻的论点，首先是对"涩味"的精写。"'韵味'指的是'内蕴'。正因为美蕴藏在深不见底的内里，所以才能从中汲取到无止尽的韵味。好的韵味是'被层层包覆的韵味'。当美蕴藏在极为深处，韵味就会达到极致。对于这般暗藏于深处的极致美，人们习惯以'涩味'来称之。"柳宗悦说。

曾有日本老一辈的陶艺家告诉我，另一个茶道的惯用语"侘寂"，是从"霉菌（Kabi）"到"锈蚀（Sabi）"再到"侘寂(WabiSabi)"的衍化，是取材于大自然的意象词语。而柳宗悦则指出，"侘寂"是知识分子使用的词语，"涩味"才是日本市井小民都朗朗上口的日常用语，当早期茶人借用味觉的词语以贴切地形容美时，等同于让日本全民都具备了一把穿透美的钥匙。相较于"侘寂"，"涩味"这样的亲民词语更具有渗透性，让当时的日本人普遍具备了东洋文化中惊人的审美力量。

另一个动人的观点是柳宗悦在历史的长河里将对民族的

观察与陶瓷的内在韵味，作出紧密的联结。对于自己最爱的宋窑，他如此表示，"我不曾见过宋窑里有撕裂的二元对立。那里始终是刚柔并济的结合，动与静的交织"，"还有那'中庸'不二的性质"。对于明瓷，他形容为"尽数要求逼近于锐利与坚固，面对一个极端时，为了保持着全面的控制，会使用另一个极端来掌控"。对于朝鲜的陶瓷，柳宗悦说"我还未曾看过比朝鲜的更美、更幽寂的线条"。而对于日本的陶瓷，他指出"喜乐的颜色，优雅的造型，柔和的纹样，安静的线条，尽数是温和的特质"。柳宗悦透析了时代背景下的民族特性所孕育出的作品特质，精准而令人赞叹，具有至今所有其他陶瓷论述中未曾企及的深度与角度。

柳宗悦还引出许多其他美的面向。之于"面"之美，"我常常在当中感受到人体脉搏的跃动。我们不能将它们当成是冰冷的器。这个面的内侧窜流着血液、保有着体温"。之于"色"之美，"好的白色或好的黑色不易获得。那不是单一颜色，而是最深邃颜色的世界。也可以说是涵盖一切颜色。它们有着朴素的美"。之于"纹样"之美，"复杂的图案里难以发现优秀的纹样。与自然界有着密切关系的古代作品，只会看得到极为简单的纹样"。之于"线"之美，"与其说器有着一个明确的形体，毋宁说这是一条流淌的曲线，这样的说法会来得更贴切"。

这些引人入胜的论述里，概括了柳宗悦淬炼过的美学精华。然而许多人在赞叹之余会问，美，如何入门？

　　有很长的一段时间我看不懂陶瓷器的美丑，只好每个月
到台北故宫博物院取经。阅件数的累积在初期是一个重要的过
程，眼前的参考物没有达到一定的数目之前，量变还不足以达
到质变。浸润在台北故宫博物院的宝藏里，从史前时代的朴质
原型到乾隆藏品的雍容华贵，在反复的品赏中逐渐地感受到美
的器物对内心的触动。各地的美术馆与博物馆是最容易在短时
间内饱览大量美物的殿堂，这个扎马步的功夫绝不可省略。

　　接着则是器物间美丑的比对。如同我常告诉入门的朋友，
手中不要只有精美的图册，或者看多了乾隆皇帝的收藏，就以
为只要是陶瓷都是美物。自己在市场入手任一件器物例如花瓶
或紫砂壶，然后仔细对照美术馆或图册上的极品，找出其中的
差异点。

　　最后一个步骤是如果有机会，阅读作品深刻的作者的传
记、谈话或文字，甚至直接参与和作者的对谈。柳宗悦也提及
当他在传记里读到作者为了烧窑，将生活日用中仅剩的木柴耗
尽的窘态与坚持，最终产出感人作品的点滴。我在学习中期的
一大段成长，来自与作者密切的对话。动人的作品背后一定有
一个动人的灵魂。所有深刻的思考，与对人生的体悟，都将如
实地呈现在作品中。

　　日本民艺馆是柳宗悦希望打造的一个美的殿堂，收藏的目
标是各地手工的民艺品，那虽然廉价却象征健康的美的物件，
企图从日本出发向全世界揭示的，是只要具备眼力就能让没有
落款的地摊货也有光芒万丈的一日。我的日本民艺馆之旅，验

证了柳宗悦对民艺的坚持，并将所谓"无我之美"暴露无遗，馆中最令人感动的作品无疑都是历史久远的无名之作，在独特的审美意识下谱出的咏叹之曲。

曾与一位日本陶艺家促膝长谈时，听他感叹日本现在网红当道，曾经在日本人血液里流淌的美的基因已经随时代消散。2016年在深圳办了一场日本陶艺家的个展，陶艺家提起他几次在日本办展览时，中国到访的买家明明自己很喜欢，但在下手前总是征询一同前往的朋友的意见，如果友人与自己意见相左，往往因此改变初衷，这是自己缺乏自信的结果。当代人对美，始终有种恐惧，荷包虽满却缺乏审美情趣，又担心被人识破，所以只好追随众人的品味，尤其以高价奢侈品为依归，是一个没有个人观点的普遍现象。

美，到底是什么？在陶瓷器的领域里，我将美分为三个阶段，分别为实用性、个性与精神性。器物在最开始时是为了满足日常生活所需，势必以"实用性"为选择的目标。当基本的"实用性"被满足后，就进入了"个性"的阶段了，简而言之是自己说了算的审美情趣，在人生的不同阶段会有不同的偏好。"精神性"则是一种器物对人们内在追求的引领，因为作品本身是作者心念的投射，作者唯有精进自身的涵养，才能达到这样的境界。

动人的陶瓷创作，本身就是一个师法自然的过程，从造型的内蕴饱满到釉色的内敛或丰富。人如果能保持谦逊，则如同一只空碗，能承载满溢的自然灵感。当不同轴线的灵感相互交替激荡后，就可能迸出璀璨的火花。柳宗悦说"技巧的过剩常常剥夺了器的生气，因为技巧是人为的作为。超越作为与顺应自然时，将呈现出美的瞬间"。空碗中如果填充过多人为的技术、成见、好恶，作品过度的雕琢将表现凝滞与扭曲，而看不见原本那纯粹的灵魂。

曾有不少大家激辩美是客观或者主观，抑或是否有标准。认为美是主观的人表示，对大自然的惊叹是人类的自作多情。例如晚霞，因为那不见得是本来的样子，所以只是一种心理的投射。如果真是如此，那大多数缺乏个人观点的主流追随者，拥有的只是似是而非的主观，又将映射出怎样的美的世界。

假设美没有标准，那我们存在的将是一个紊乱的世界，大象的涂鸦与历史名作混为一谈，三岁孩童的习作与毕加索的画作将同时出现在美术馆。若当真如此，是一个我们希冀的时代吗？美之所谓的没有标准，落入我所定义的美的"个性"阶段，强烈的个人主张虽足以构成美，却是一个自己说了算的阶段性的美。

如果美有标准，那又是什么？当上升到美的"精神性"时，美恰恰是一种对生命深层的礼赞。我们对于大自然的奇景常以"鬼斧神工"来形容，而称人们精彩的杰作为"神来之笔"。自古没有任何一位成名艺术家，胆敢狂言自身的美感在自然之上，也代表着对于大自然抱持的敬畏之心。

美越内蕴，就越能绽放光芒；美越外显，就越是向外发散销匿。这个内蕴的美在诞生前，是作者的基因经由长时间的熏习最后注入作品而成，代表的是作者心念的延伸。也因为越是内蕴，越考验作者的心性接近自然的程度。如何靠近自然，对于作者而言就是一个自我修炼的过程，这些年下来我观察到作品透发出熠熠光芒的作者，无一例外地尽数自我修持到位。

然而当作品在诞生后，蕴涵的美极度地内敛与被包覆时，观赏者又如何能感知？如果观赏者的频率无法与作者或作品的频率产生共鸣，就会与真美擦肩而过。换个角度说，观赏者的赏器进程也落入实用性、个性与精神性三个阶段。过于主观的人将陷入"个性"之美的执着与辨证中而无法提升，而自我进阶至靠近自然的修持，是唯一能进入"精神性"的殿堂与极致之美的作品交流的途径。如果自身并未参透沁入作品中的自然力量，又如何能与真正精神性的作品产生共鸣？

柳宗悦所提及的融入日本人生活的"涩味"，已经在今日网红的侵蚀下不再普及。能像柳宗悦透视宋窑的内在元素，将陶瓷与中观、圆融等佛教思想联结的功力，又岂是一般人能企及。如果未能参禅或修佛到一定的境遇，又如何能以佛教的智慧解读陶瓷？不论从自然或佛家的角度，这一切的一切，都指向一个充满挑战的新领域，那就是对观赏者的要求。

所以美，对观赏者而言也是一种修行。

贰

看见「喜左卫门井户」茶碗

茶之美的绝顶在此展现，

「和敬清寂」的茶境蕴含于此。

这样的美的泉源，

是茶道源远流长的源头。

一

　　"喜左卫门井户"（图❶）被称作天下第一的茶碗。

　　茶宴的茶碗分为三种。从中国输入的，从朝鲜传来的，以及在日本制作的。其中最美的是朝鲜的茶碗。茶人们常说"茶碗是属高丽"。

　　朝鲜的器物中又有许多的种类，"井户""云鹤"（图❷）"熊川""吴器""鱼屋""金海"等等。这类的名字非常多，但当中最为意味深长的就属"井户"了。"井户"也有许多种类，有"大井户""古井户""青井户"，也有"井户胁"。茶人的解析总是那么详细，然而其中最精彩的还是大名物"大井户"。

　　这个大名物"井户"至今已登录的总共有26个。但是其中大名物中的大名物，就是"喜左卫门井户"了。确实可称之为"井户"之王，比这个更优秀的茶碗是不存在的。名器虽然繁多，但是"喜左卫门井户"当属天下第一的器物。茶碗的极致由这一个已经道尽。茶之美的绝顶在此展现，"和敬清寂"的

① 喜左卫门井户茶碗　附箱书

❷ 高丽茶碗　云鹤　铭　狂言袴手
"云鹤"有别于"井户",也是高丽茶碗
中知名的一个系列

茶境蕴含于此。这样的美的泉源，是茶道源远流长的源头。

二

"井户"这一词是出自何处呢？众说纷纭而没有定论。我认为恐怕是因为朝鲜的地名的读音而赋予这样的汉字来表示。

"喜左卫门"不用说也知道是人名，姓竹田，大阪的居民。这件器物是他所持有的物品，因此称为"喜左卫门井户"。

名物的户籍很清楚。在庆长年间（1596—1615）这个茶碗被献给本多能登守忠义，因此也称为"本多井户"。到了宽永十一年（1635），本多在被任命移至大和国郡山时，赐给了泉州堺的雅士中村宗雪。宽延四年（1751）时辗转被塘氏家茂所持有，然后在安永年间，最终落入了对于茶碗搜藏有焦虑症的云州不昧公[1]手中。当时支付的金子是550两，而立刻列入"大名物"之列。在文化八年（1811）时给予子嗣月潭的遗训里写着"天下之名物，当永远珍惜"。由于是不昧公热爱的物品，其所到之处，该茶碗都与他形影不离。

三

然而关于这个茶碗流传着不幸的传说。据说持有者会染上

---

1 不昧公：松平治乡（1751—1818），江户时期的代表茶人之一，出云松江藩的第七代藩主。

皮肤病。曾经持有这只茶碗的一位雅士，沦落到成为往返京都与岛原间游客的马夫，即便如此，这只茶碗他从来不会离手，最后不幸地染上皮肤病而病逝。持有这只茶碗会遭到诅咒的传说从此传了开来。事实上不昧公自己也是，自入手这只茶碗以后两度因皮肤长东西而苦恼不已。由于惧怕报应而希望能够脱手的夫人，虽然劝谏却受到不昧公对茶碗热爱的阻挠而作罢。不昧公死后子嗣月潭也染上皮肤病，于是最后将茶碗赠予媲美菩提寺的京都紫野大德寺孤篷庵。这一天是文政元年（1818）六月十三日。传说曾放置那只茶碗的轿子，至今还架设在孤篷庵的门口。进入明治维新前，如果没有松平家的许可，谁都不能拜见这只茶碗。这真的是应该秘藏之物。不昧公去世了一百年，人虽已逝，茶碗却仍然完好如初。

四

昭和六年（1931）3月8日，由于与滨谷由太郎的交情，得到孤篷庵现任住持小堀月洲师父的欣然允诺，得以见到这只茶碗。同行者为河井宽次郎[1]。当亲手捧着并凝视这只茶碗时真是无限感慨。想知道天下第一的茶碗，大名物"喜左卫门井户"到底是怎样的器物，一直是我的夙愿。因为能够一睹其丰采，就等于看到了"茶"，又兼具能认识茶人之眼，进而成为对自

1　河井宽次郎（1890—1966）：日本陶艺家，精通雕刻、书法、诗词，十分多才多艺。是协助柳宗悦创立日本民艺馆的重要推手之一。

己的眼力进行反省的机缘。总之，当中有着美，与美的鉴赏，美的爱慕，美的哲学，与美的生活等的缩影（如此一来恐怕这样一件器物的美，包含了人们所付出的最高的经济代价）。如今茶碗被放置在内有五层的箱子里，再以棉质的温暖紫衣包裹。禅师极其小心翼翼地从箱里取出，放置在我们面前。我终于目睹了这个闻名天下的大名物。

五

"好一个茶碗，但又是何等平凡至极啊！"我立即从心里叫了出来。平凡是"本当如此"的意思。"世上简单的茶碗"，除此之外别无说法。不论在何处找寻，恐怕都找不到比这个更平易的器物。那平平坦坦的姿态，没有任何一点装饰，也没有任何一点企图。只是寻常不过的东西，普通的物品而已。

这是朝鲜的饭茶碗[1]，贫穷的人所使用的司空见惯的茶碗，完全是个粗鄙的物件，典型的杂器，最低价的东西，作者极度卑微地制作，没有一处突显个性。使用者也不做作地使用，不是为了自夸而买的东西。谁都可以做的东西，谁都能够做出来的东西，谁都买得起的东西，在地方上哪里都可以买得到的东西，何时都买得到的东西，是这个茶碗原本就具有的性质。

1　饭茶碗：朝鲜人使用的饭碗。有一说法是早期的朝鲜平民平日在饭后，会在碗中注入茶汤，与余留的饭渣一起和着食用，所以称为饭茶碗。

　　这是个平凡至极的东西，所用的土是屋后的山里挖掘出来的，釉是从火炉取来的灰，辘轳的中心点会摇晃。外形是不需雕塑的，数量是可以大量制作的，制作是迅速的，切削是粗糙的，制作的手是肮脏的，釉因为溢出而流淌到高台。工作室是晦暗的，工人是文盲，窑是破旧的，烧窑方式是粗糙的，且黏附许多灰渣。然而没有人会去拘泥这些，也不需要。因为是廉价的东西，谁也不会有所期许，让人会想去劝说以此工作为生计的人最好放弃它。做陶瓷器工作的人一定地位卑贱，所做的几乎全是日常消费的东西，是厨房用品。使用者是普通的百姓，用来盛装的米不是白米，用完后也不会好好地洗涤。这是去朝鲜的乡下旅行，谁都可以遇到的景象。没有比这更普通的物品。没错，这就是天下的名器"大名物"的真面目。

六

　　但这样就好，因为是这样才好，光这样就够了。在读者面前，我想换个说法。平坦而无波澜的东西，没有企图的东西，没有邪气的东西，朴素的东西，自然的东西，无心的东西，不奢华的东西，不夸张的东西，构成这些美的要素是什么呢？谦虚、朴素、没有装饰，也因此能受到人们的敬爱。

　　此外，胜过所有一切的在于健康。配合用途、为了劳动所制造出来的，也是作为平常使用的贩卖品。使用者在病弱时并不适用，健壮的体态是必须的。这当中所见到的健康，是因使用而得来的恩赐。因为平凡而实用，是对作品的健全之美的保证。

"这里没有罹患病症的机缘。"这样说才是正确的。因为这是贫穷的人每日所使用的饭茶碗。不会用心地去一个个做，所以技巧的病症无机可乘。那并非对美反复讨论后制作的器皿，所以还未曾罹患意识的病毒。那并非嵌入铭之类的器皿，所以还没有机会沾染自私的罪症。那并非产自于香甜梦境的器皿，所以不会在梦醒时分陷入感伤的幻境里。那并非出自神经兴奋之手的器皿，所以没有倾向于变态的因素。那是来自单纯目的的东西，所以与华美的世界距离遥远。为什么这个平易的茶碗如此地美呢？实际上那是从平易之中孕生的必然结果。

喜好非凡的人们，并不承认由"平易"孕生的美，说那不过是消极地生成的美。他们认为必须要积极地去创作美，这才是我们该扮演的角色。然而事实结果是不可思议的。不论从人为的角度怎样制作成的茶碗，不是都无法超越这个"井户"吗？而且所有的美的茶碗都是顺从于自然的器物。比起作为，自然能产生更惊人的结果。精明的人类智慧在自然的睿智前，看起来仍然是愚钝的。从"平易"的世界里为何能孕生出美来？那毕竟是因为蕴含"自然"的缘故。

自然的东西是健康的。美虽有千百种，但胜过健康的美是不存在的。因为健康是一种常态，一种最自然的姿态。人们在这样的场合，以"无事""无难""平安"或"息灾"来表达。禅语也说"至道无难"。只有无难的状态才值得赞赏，因为那里波澜不起，静稳的美才是最终的美。《临济录》说："无事是贵人，但莫造作。"

为何"喜左卫门井户"美呢？是因为"无事"，因为"莫造作"。更因为是孤篷庵，才适合这个"井户"茶碗。这是常常抛向观赏者的公案。

七

从无难与平安的器物中将茶器选出，这样的茶人之眼令人无比地钦慕。能订出"闲寂"与"涩味"这类美的规范，茶人的内心里必定有着令人吃惊的精准与深度。我在海外并没有听说过谁具有这般深刻的见解。茶人在鉴赏里完成令人惊艳的创作。这么平凡的饭茶碗，最终摇身一变成为非凡的茶器。那是从脏污的厨房出身而抵达美的宝座的例子。从只值几个钱的东西转身成为万金才能换取的器物。人们没有借以自我反省，却只当作美的龟鉴来仰望。朝鲜人对"天下第一"称号的嘲笑也不是无理的，因为不当有的现象在这个世间持续发生。

然而嘲笑的人与赞美的人同样是正确的。如果没有嘲笑，就无法以平常心来制作饭茶碗。因为如果职人们把便宜的杂器当作"名物"来炫耀，"杂器"就会立刻变了样。如果不是"杂器"，茶人们就不会认它为"大名物"了。

茶人之眼是非常精准的。如果没有他们的赞美，这世间的"名物"就会消失无踪。为什么人们能够了解这样平平凡凡的饭茶碗是如此之美？那是茶人们惊人的创作所致。就算饭茶碗是朝鲜人的作品，但"大名物"则是茶人们的作品。

茶人们从细致裂纹上感受到温润，也会欣赏脱釉的风情，再加上修缮后还让它增添了景色。他们特别对于那不做作的削切感到喜悦，甚至觉得这些是茶碗必备的细节。他们对高台的爱逐渐增强，在釉的垂流中汲取了奔放自然的原味。他们的视线停留在他们期待的形式，望着它就像是里头盛装着茶。他们拥抱着形，并用嘴碰触那厚实处，借此了解平缓的曲线赠予内心的舒畅。他们光是对着一只器物，就抱持着各种梦想，最后细数着一只茶碗之所以成为美的茶碗的条件。因为没有背离美的法则，一只茶碗此刻已经在观赏者的心中渐渐地创作出美。茶人们以母亲的身份，让"茶器"诞生到这个世间。

"井户"如果没有横渡到日本，就不会存在于朝鲜，所以日本也是它的故乡。福音书的作者马太，写下耶稣的出生地是伯利恒而非拿撒勒，这说法里含有真理。

八

然而我从观赏者的角色抽离，自作者的角度看一看这只茶碗。在茶人们知的直观下，所看透的这只茶碗中惊人的美；这些到底是谁做的，是以怎样的力量来成就这个可能？不可能是那不识字的朝鲜陶工们借由知识来完成的。不，因为没有被这样的意识拖累，所以才能产出那样自然的器。因此"井户"被见识到诸多"精彩处",并非他们自身力量所能成就的。是隐匿而无边的外力,让他们能做出如此美的器物。"井户"是自然生成的器,而非被做出来的器。这样的美是一种恩赐,是一种惠泽。是被授予的,是对自然顺从的态度而收受的恩宠。如果作者们自恃傲慢,收受恩泽的机缘就不会来到了吧。美的法则并非他们所有。法则是存在于超越"我"与"我的东西"的世界,法则是自然的劳作,并非人类智慧的匠意。

运作法则的是自然,能看到法则就等同于鉴赏。不是所有的器物都藏有作者的匠意,一只茶碗之所以具有美的细节,是因为在产出过程当中隶属于自然,在认知里从属于直观。可以认为这个"井户"里有"七个精彩处",但不能误解那"井户"是依照这几个精彩处创作的。也不该认为如果整理这些细节条目,就能做出一件美的器物来。"精彩处"是自然的馈赠,并非作为所生。然而这个明确的错误,却不知有多少日本的茶器落入这般反复的操作。

茶人们说"茶碗是属高丽"。这是正直的忏悔,这表示日本的茶碗是不及朝鲜的。为何不及呢?是因为他们想以自己的作为创造出美的精彩处,想根据这样的愚蠢来冒犯自然。他们将鉴赏与制作搞混了,然后鉴赏成为制作的掣肘,制作又毒害了鉴赏。日本的茶器痛在意识之伤。

上自长次郎、光悦(图❸、图❹),下达诸多茶器的作者,或多或少都受困于这样的病症。鉴赏能从"井户"的曲线当中发现美,这倒是好事。然而刻意制作出这样的形变曲线时,已

❸ 光悦作　黑乐茶碗　铭　大光悦

❹ 光悦作　茶碗　铭　绯威

经破坏了形变的味道。在窑里不小心会造成脱釉，那是自然风情。但因茶趣味而刻意地制造出瑕疵，就只不过是不自然的器罢了。

高台的削切在"井户"里又特别美。然而因为美所以勉强去模仿，当然无法留下原本的自然美。那些刻意的变形、凹凸等，这些畸形是日本独特的丑恶的形，世界上其他地方也没有类似的例子。连能最深刻地品味美的茶人们，从过去到现在仍持续着这样的弊端。像是"乐"与有铭[1]的茶碗这类，几乎没有不丑的。"井户"与"乐"在出发点、过程中、结果上性质都不同。虽说同样是茶碗，类型却全然相异，美因而相异。"喜左卫门井户"确实是"乐"的反命题，也是挑战。

九

以上我所提出的，是能看得见"井户"的早期茶人们，其眼光是何等敏锐。说到"井户"，当然也可以说是关于对"井户"的鉴赏。

然而为什么他们的鉴赏是优异的？哪一点与过去有所差异呢？这与实际看器物，能直接地观看器物这点有关。直接地看

1　铭：原为金石或器物类上面为纪念事迹所篆刻之事物的来历或人的功绩。对藏品而言，泛指器物或其包装外箱上具有的作者或收藏者的署名。

是除去遮蔽物，让直观能运作。他们不依赖箱书[1]，不依赖铭，也不去问是谁所作。不从人们的评语中学习，也不因为是古董而喜爱，而是直接地看到器物。器物与眼之间没有任何的遮蔽，直接地观看，器物鲜明地映入眼帘。眼前没有东西遮盖，所以没有疑惑且判断准确。器物进到了他们内里，而他们也能进入器物之中。这之间达成妥善的交流，而爱也能相通。

如果没有他们的眼则没有茶器。茶器的有无，存在于这样一个直观。不，茶道之所以能成为美的宗教，是因美的鉴赏能以直观作为基础。这点与对神的直观而产生宗教是相同的。缺乏直接地看到器物的能力，茶器就不存在，更遑论茶道。然而这件事情对我们诉说的是什么？如果能直接地看到器物，今天也应当能发现美的茶器，更多被藏匿的"大名物"就能在我们的面前现身。因为与这个大名物"喜左卫门井户"，在同样环境，同样心境，同样过程中所作出的工艺品无数。"井户"是杂器，是量产的"粗货"。难道不能说，当这类无数的杂器出现在眼前时，都在等待我们的直观来挑选吗？

今天人们因为"大名物"而崇拜，只对"大名物"崇拜，对其他的民器弃而不顾，是因为眼已经被阴影遮蔽。如果直观律动的机缘来到的话，我们也不会再迟钝。与"井户"拥有同样的美的无数杂器，将会围绕在我们的周遭。不论人们怎么

1　箱书：在保存书画、器物等作品的木箱上题字，包括题名、作者名等，揭露箱中藏品的内容。

说，直接地看到器物，就是持有在世间能无限地增加"大名物"的特权。我们在生活上所能拥有的喜悦，将远远超越茶祖的时代。因为器物的种类与数量都比昔日不知多了多少。而且交通使得对这类器物的接触变得十分容易，更有许多未踏遍的处女地。如果茶祖今日能够复苏，将流出随喜的眼泪，也将放声感谢当代那数不清的美器。加上还能搜罗许多新的茶器，"名物清单"的品项将因此而溢出。然后在新的形态里，茶室将增加与扩展。接下来朝着适合于现代生活的，适合于民众的"茶道"迈进。比起曾经见过的器物，美器将更加丰富。

直接地看见器物时，我们的眼与心不可能是不忙碌的。

+

我因为能亲手抱着天下的大名物，而沉醉在诸多的想象里，也让我在心中默默地将它与至今为止已搜集的器物进行比较。

"前进、前进、朝你的道路前进！"这个大名物对我低声私语。我在行走的道上，与正要前行的道上，反省着这将是一件正确无误的事。我想要向这个世间宣告"井户"的众多兄弟姐妹们至今仍存在。而且在这片土地上哪怕只有一点点美也值得前行，并叙述着哪一种美是最正宗的美。考虑着怎么做才能让这样的美在今后仍能持续创作出来。可能的话，就该开始准备进行制作。这所有的工作，例如什么是美、怎样能认知美、如何能产出美等，也就是美的意义、认识与制作这三项，将成为问题的关键。

欣赏完了的"大名物"将再度被收纳到几层箱子内。我也将几个准备应答的公案受纳于胸中，辞别了孤篷庵。结果一走出门，就听见禅林里风声呼啸着"道啊，道啊"。

———————

启彰导读
审美精髓中的无我与直观

———————

    柳宗悦在这个篇章中指出了两个重要的观念，一是"无心"，二是"直观"，也可以说是柳式审美的精髓。

    "无心"更精准的说法是"无我"，因为柳宗悦在《心念茶道》一篇中说："茶道是从物的教诲逐渐升高到心的教诲，如果无心了物还能活用吗？"而这个篇章里，柳宗悦自己对无心主要的叙述都环绕着"无我"来阐明。在此"无我"分为三个部分：一是作者无我。二是用者无我。三是无事。作者无我指的是创作时的无"我"，把"我"的自我意识去除，创作不为名、利。也就是创作的当下不为了比赛的名次，也不为能卖出多高的价格。"喜左卫门井户"茶碗，就是在这样的背景下被创作出来。柳宗悦在无数的阅件经验中发现，最美的器物来自什么刻意的装饰都没有的民器，越是朴实无华的廉价杂器中，越是能发现惊人的美。而这些创作者，都是目不识丁的工匠。

    用者无我，指的是使用者不会刻意炫耀手中的器皿，只是当作生活中平常的实用物件来对待。最终，无我的最高境界是无事，柳宗悦形容无事之美为"美虽有千百种，但胜过健康的美是不存在的。因为健康是一种常态，一种最自然的姿态"。因为"禅语也说'至道无难'。只有无难的状态才值得赞赏。因为那里波澜不起。静稳的美才是最终的美"。

　　我曾经在台湾中部拜访一位业余陶艺家，虽是业余作家却收了不少学生，只是自己不打算把陶艺当作主业。我在他的作品里看到了难得一见的"松"，这个"松"是一种"放"的状态，把多余的不必要的紧绷放下了。作品呈现出的是自在与洒脱，没有为了商业的目的去追量，而是顺着自己的兴趣与节奏进展，在此我看到令人喜悦的无我之美。

　　当代最佳的"无我"的反例，是天目碗的烧制。目前传世的三只宋代的曜变天目茶碗，都在日本的寺庙或博物馆。由于是南宋时期日本僧人到浙江天目山请回的茶碗，所以称为天目碗。七彩夺目的结晶本是烧窑时意外的窑变，现在却成为许多人穷极一生想要破解的烧结曲线，事实上也成就了不少破解密码后专门在贩卖天目釉药的厂商。烧制天目碗的作者有时一窑一百多个茶碗的产出，只为了其中一两个窑变作品有机会卖到天价。过多的产出，让一只当代的天目小杯，售价仅为人民币15元。这是典型为了利益将做作的意图钻营到极致的范例。

　　"喜左卫门井户"茶碗是源自无我的工艺之美，美并非来自个人的能力，而是接收了外来的自然之力所致。因为工匠足够地谦逊与敬畏自然，所以在无我的状态下能源源不断地收受灵感，借由双手来展现令人惊艳的神来一笔。反之，自以为是的骄纵，剥夺了自身灵光乍现的契机，留给世人的只有难以持久的做作痕迹。

接下来谈的第二个重点"直观"，是一把贯穿全书的钥匙，柳宗悦在书中不同的篇章反复论述，只为拉近读者与直观的距离。直观，最简单的说明是眼与物之间没有任何障碍地直接看见，而这个障碍物包括器物的时代背景，与作者丰富的资历。直观是必须抛弃任何知识，让双眼直接透视器物的本质，甚至读取背后创作者的心境。

这些年下来，我无时无刻不与不同创作者紧密地沟通。虽有能力单纯透过作品，感知创作者当下的状态，但作者自身的心性却是未来走向的关键。部分创作者初露头角时虽有着令人屏息的创作，但随后以商业挂帅，宁可为了三年的短期利益而牺牲未来的创作生涯。为了求量，最终作品的拉坯成型、上釉、烧窑均假手他人，自己只有签名落款。也有遇见创作者在一开始以清新的风格闯入市场后，始终虚怀若谷且乐于分享，最后汲取巨大的能量，作品不断提升的例子。陶瓷之路的确是难行之路，因为现在的市场变化过快，对陶艺家的要求是每一两年必须有所突破，不然将会被淘汰。然而越是到了精神性的阶段，就越需要在内在的层次有所跃进，这对于多数的凡人又谈何容易！

然而不论对于创作者或观赏者，直观的能力是可以后天培养的。柳宗悦以《临济录》中的"无事是贵人，但莫造作"来形容"喜左卫门井户"茶碗的美。早年受教于日本禅宗泰斗铃木大拙，又对净土宗研究甚深，柳宗悦对于佛学的心得普遍见于《茶与美》的各个篇章。参禅近些年在中国海峡两岸蔚为风潮，但是参禅境界的提升，并非闭关打坐能成，而是贵在日常生活中的实践。这几年我遇过许许多多把佛学与参禅挂在嘴边的朋友，反而就是生活中最纠结最困惑的人。其实每一次发生在生活中的挫折，都提供了进步的养分。无事不是表面上装作无事，而是了解每一次试炼的成因以及给予我们什么样的学习机会。接受变化、学习变化进而习惯变化，就是无事，也是生活禅的本意。

　　直到遇到了挫折能发出了会心一笑时，才是无事。习惯变化，从容应对，才是真无事。直观的养成，如果有快捷方式，就是无事。

叁

作品的后半生

一位是观赏者，一位是使用者，
另一位是思考者。
作品的后半生依托在这三人的心。
若非如此，器物是无法完善存在的。

作品有着两段的生涯，创作完成之前的前半生，与作品完成后的后半生。从作者创作的孕育期，到交付予使用者那一刻开始，就相继产生了作品在历史轨迹上前后的变化。而我所想要陈述的部分，是器物的后半生。

作品诞生之前的前半生是由作者的心性与努力决定的。是为了什么目的所创作的？要怎么做才能做得好？然后应该赋予作品什么特质？什么样的材料更合适？需要什么样的技术？为了一件器物能无误地被产出，这些都是必须考虑的。直到创作完成的那一刻，所有的责任都是作者一肩承担的。环绕着作者的社会局势也负有责任。

然而器物的性质，并非由创作的过程决定的。应该说，作品的后半生是其在市场中所经历的磨练与呵护决定的。

作品的周遭围绕着观赏者、购买者与使用者。在这当中，作品迈入了它的第二生命。它的后半生委任于选择它的人，在与选择者相遇后，它的存在便被活化了。作品无法自我孕育，而是经历一个被孕育的过程。谁能成为好的作品孕育者？我认为是由三个人的力量叠加的结果。一位是观赏者，一位是使用者，另一位是思考者。作品的后半生依托在这三人的心。若非依托在这三人的心的话……

　　就像作者是作品完成之前的母亲，而作品的余生则由此三人的心所共同孕育而成。因为这三人的心，使得作品的性情得到滋养，生活受到照顾，命运因此被决定。我接下来把培育作品的三位至亲依序介绍。

一、观赏者的器物

　　选什么都好，先以一件器物当作例子。由于人们会去观看形与色，所以最初或许会单纯以为该器物就是具有这些既定的性质。但是那些都只不过是"被赋予的部分"。其实赋予器物特性的是持有观点的我们。与其说遇到了一件器物产生了观赏的机缘，不如说因为观赏使得器物有了存在的契机。美与丑，都是我们视线的产物。创造作品的正是我们的眼。（图❶、图❷）

　　假设有一件被舍弃的器物吧。若有观赏者发现，它就可能会被平反。连掉落的苹果也遵守着宇宙法则，这是牛顿力学的说法。或许也可以主张是在他提出这个看法之前，该法则就已存在。但这法则说是来自牛顿的论点也不为过。假设有人对一件美器视而不见，对此人而言，美是哪里都不存在的。同样地，一件丑的器物对于没眼光的人而言，所有的丑却成了美。器物的一生都会被观赏者左右。所以我想这么说，器物的问题就是直观的问题。

❶ 李朝瓷器　壶　野菊图
青花

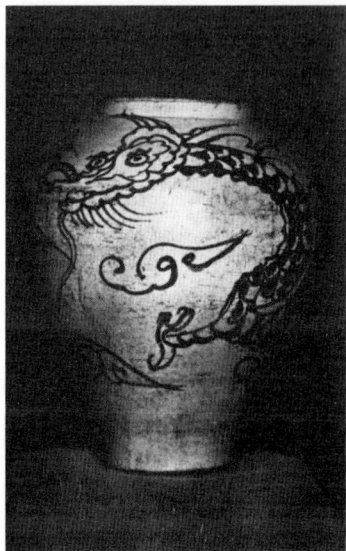

❷ 李朝瓷器　壶　龙图
铁砂

除了"持续被看见的器"之外，其他再多的器物都没有意义。认为器只是单纯的器的看法，是一种怠惰的假想。没有加诸直观理解的器物，是没有内容的，只不过是一件尚未成熟的器，也谈不上美丑。不，甚至连美丑的性质都不存在。器物存在于观看的角度之中，是属于观察者的器。对器物而言，"被看见"与"存在"是同一件事。不被赋予任何意见的存在，就谈不上存在。因此我们可以这么说，器物的美丑是来自观看方式的创作。

我们可以思考一下是不是观看方式出了什么错。当见解单薄或孱弱时，所映射出的美感也将单薄或孱弱。见解混浊或扭曲时，器物除了这两点以外也不会带有其他性质。对器物误读的罪责与糟蹋器物无异。赞美成了最大的侮辱，同样地，责难成了最大的误解。我们不是常常在错误的评论里，遭逢诸如此类的荒谬吗？器物的良莠代表着观赏者的良莠，若见解错误，即便看起来是美的，那也并非真正能看得到美。

谁都是自己眼睛的主人，谁也都可以进行器物的品赏，但是真正懂得的人却非常少。有些人一开始就没能力去看，有些时候是不容易去观察。也会有很多原因让观点模糊，有时是被知识遮掩，有时因为习惯而导致观点混浊，有时被主张迷惑。让正确观点受到负面影响的因素意外地多，所以对于美丑无从分辨的案例就多了。

希望自己的眼光能够无比明晰，若非如此，物件应有的姿态将无法表现出来。明晰指的就是不带混浊，也不会透过有色玻璃去看事物。眼与物之间无须存在媒介，换句话说器物是必须被直接检视的。借用禅语说法，必须是"见性"。正确的观赏方法就是直观，也就是直接观察，也可以说是见物即物的观察。另一说法是物与心的交融，也就是"心物合一"时，直观便存在了。没有直观，器物就不存在。就算器物存在了也只是个空壳。没有加诸直观的事物，就还不算是真实的事物。器物的性质是由直观构成的，缺乏直观的认识，就只不过是不完整的判断。没有任何方式能超越直观式的审判。

器物的存在价值，决定于"观赏"。没有观赏者，器物便不存在。缺少了观看者的眼，器物只能存在于静止状态，充其量只是某件东西罢了。然而在观赏者观赏的那一刻开始，器物的生命便苏醒了。见证者如果不存在，那就不过是个死物罢了。因此也可以说任一件器物都是观察者的创作。又，无法达成创作目的的见解也就不能称为见解了。好的鉴赏是能创造器物的。而好的眼力就如同一双能不间断创作的手。在直观面前，所有被隐匿的谜团悉数被解读出来。直观当中常有新的发现，具有十足的开拓力。直观让世界更加美好，所以观察者也被称为作品的第二位母亲。创作者如同作品前半生的母亲，而好的观察者是培育作品后半生的双亲。

我想再提出曾说过的案例。以朝鲜的贫穷者使用的农民碗为例，是俯拾皆是的便宜货，谁都不认为那些是值得勉强观赏的东西。但假设有观赏者注视到它，假设鉴赏者感到惊艳，这时碗就不再是一只普通的饭碗，它将会成为举世闻名的名器。

它成为茶碗，而且被赞誉为"大名物"。饭碗虽是朝鲜人所作，一旦成了茶碗就是茶人的创作了。在茶的观察者尚未加持前，饭碗依然只是一只廉价的饭碗，是不值得回顾的粗糙品。因为没有观赏者，器物后半生的历史就不存在。不论作者再怎么努力创作，如果没有遇见伯乐，美是无法呈现的。所谓器物之美，就是器物被看见之美。

在此，我多少增添一些注意事项。为了能正确地认识物件，作品必须被直接地检视。

为了能直接地欣赏作品，事先不能有成见。直观必须发生于判断之前。所以如果预先有知识，视线就会被蒙蔽。知而后见，等于未见。因为直观的运作终止了。为了体验美，所有的考证与分析是使不上力的，反而对于美的真切审视有所妨碍。无法直接地审视，就无法体验美的本质。即便历史与系统再怎么明确，也不代表能直接地理解美。也就是说，"清楚知道"不等于"看见"。若无法看见，也无法掌握物件的美。

如何才能真正透视美？是我常常被问到的问题。若说是需要仰赖先天的才能，那就没什么好谈的，但是并非没有可遵循的路径。最接近的方法是一颗相信的心。相信就是一颗能坦然接受的心，不让疑虑先行发酵的心。疑虑是来自认知下的判断。

这么说吧，看见的心与惊艳的心有相似的性质。对物件赞叹的同时，包容力也极大化。会看得入胜是因为感动，如果无法感到惊艳，就无法迎接观赏的机缘。冷眼旁观与认知的心联结，但与观看的心并无关联。惊艳可以说就是强烈的印象，是鲜明而朝气蓬勃的感动。昏睡的直观是不存在的。

所以不常看到的物件，珍稀的器物让直观的运作显得更容易。反过来说，常见的物件容易让人提不起劲，因为让直观运作的动机薄弱。这与外来的物件之所以能得到青睐有着同样的理由。自古以来抹茶器与煎茶器皆是外来品，容易触动茶人的直观，这也正是浮世绘之所以受到西洋赞赏的理由。不常见的物件通常伴随着惊叹，因为看见的力量自由地徜徉。包容的心如果无法敞开，对于物件是无法直接地审视的。

因此直观在第一印象里最能够纯粹地呈现出来。看了之后无法直接感动的，看了会感到思虑迷茫的，这类的物件所蕴含的美感单薄。取舍间如果有迷惑，是因为直观的功能钝化。因此，以怀疑为前提的认知判断，与不容有些许怀疑的直观相较，两者的基本性质是不同的。中世纪的宗教书籍*Theologia Germanica*[1]中提及"对于在探知后才想要相信的人而言，是无法获得与神相关的全部知识的"。在以知识作为前提去观看的人面前，美不会展露姿态。在观察者的直观当中，世界的美是源源不绝且生生不息的。所有的器物是在直观当中被发现的器物，器物实际的美只能从直观当中发现。

1　*Theologia Germanica*：14世纪后期关于基督教的神秘思想著作，作者不详。

二、使用者的器物

　　单单是"观赏者"组成的世界，器物的生命是不够完整的。器物本来就是要让人使用的，使用者如果不在，器物便失去了存在的理由。（图❸、图❹）

　　这里所指的使用，并非一般的使用。不论谁都在使用着器物，然而这种说法等同于谁都看见了器物，这样的说法极为平庸。就好像所有的人虽然都有眼睛，但是能真正识得器物的人却很稀有，使用着器物的人们并不一定是妥善的使用者。不，或许要说很多人连器物怎么用都不知道。单纯地使用器物，就等同于没有用。我所谓的"使用"指的是善加利用。

　　概括地说，日本人血液里流着惊人的鉴赏力。能像日本人一般在器物观赏里得到喜悦的他国国民相当少见，所以日本人对物件有鉴赏力的人并不少。但不可思议的是，对物件有鉴赏力的人却不一定就能妥善地使用器物，看得懂却不知道怎么使用的人却意外地占大多数。我认为器物之所以容易流为古董般的死物，是来自知道如何欣赏但却不知怎么用的弊端。因为器物在使用过程中能绽放最大的活力。作品在后半生能否得以闪闪发光地存续，取决于是否能遇见能够善用它的主人。

　　我认为早期的茶人很懂得善用器物。事实上，他们将原本不是茶器的物件当作茶器来使用。这么说吧，所有的美器要是能被正确地使用，全都会提升为茶器。茶器指的不是单纯的美器，而是能正确地被使用的器物。并非因为是茶器，用途就是

❸ 高丽窑　青瓷酒瓶

❹ 李朝瓷器　壶　莲花图
辰砂入染附

茶器。能被正确地活用的器物才能成为茶器。而茶事，就是如何使用茶器的法则。

有些人会认为眼前的器物不符合茶的法则就弃之不顾，然而这是本末倒置。我们可以说那只不过是无法善用器具的人的哀叹。换句话说，对于茶道礼仪所定义的器物之外，他们毫无运用的能力。有运用能力才能创作出茶器。而作为茶器的器物，并非就代表了茶道礼仪。真正的茶器是懂得使用的人的创作。

器物的生死决定在使用方式。无法活用一件器物时，美便无法应运而生。相反地，由于能够活用一件器物，才能发掘它更深层的意涵。因为用，使得器物与生活合而为一。生活中如果无法活用器物，器物的存在就显得无足轻重。如果能知晓如何使用一件器物，等于理解了器物之道的秘密。也唯有参透这个秘密，器物才能真正成为我们的器物。达到这境界之前，就是心与物之间还存在着距离。这个距离，会让我们无法触及器物的本体。器物的生命，掌握在"使用者"手中。

虽然有着美器的人相当多，但无法活用这些良器的家庭却也不少。该用的不去用，或是用非所适。像这样不应当用的却常常被拿来使用，当中也有例如一些很难用的器物吧。还有些则是作为摆设品就好。与其选择仅供观赏的物件，不如选择一件好用的器物，这样会让人感到更多的喜悦。因为美学来自生活中，因为美会令人感动。能观察器物却无法使用器物的人，总会觉得生活乏味。因为东西是死的，因为他的生活是停止运转的。被作为古董来欣赏，东西就丧失生活感。

这个世间有许多喜欢收藏的人，其中不愿把藏品对外展示的人还真不少。这正是对器物的爱不足的证据，对收藏的爱超越了对器物的爱。对于器物会感到喜悦，就应该会想将这份喜悦分享给周遭的人。会有占为己有的心态，是因为对于器物的爱，受到某种不单纯动机的妨害。有的人还担心会毁损器物而不敢使用。我想其中另一个理由可能在于那个人对于使用器物这项行为无法感到愉悦。单就这类的人，他们所拿来使用的器皿反而令人感到丑陋。然而这世间便宜且好用的美器还是不少的。之所以不去选来用，是因为对于使用器物的爱与能力不足。

光是观赏就带来喜悦，不如使用带来的喜悦更深层。如果没有在经常被使用的类似场合中出现，器物之美的姿态就无法展示。在同一个家中，相较于空屋时，常有人住时会更美。器物的真美，在于时常地反复使用。在器物被正确使用的刹那，是没有比这个场景更美的了。与放置在储藏柜的器物相较，使用中的器物才是真美。因为这个最美的时刻，器物怀着喜悦的温度与使用者进行对话。器物经常被使用的场景，让所在空间被润泽，而心也被美化了。未被使用的器物是没有表情的，没有被使用时，器物之美是没有展现的机会的。好的使用者会创造器物之美。

所使用器物的新旧并无优劣，只是如果选择新的将更有意义。因为旧物是已经被滋养了一段时间的物件，有诸多机缘被观赏与使用。相对地，新物则等待着一双新手的润泽。对使用者而言，有许多创造的余地，使用必然蕴涵重新滋养与活化器物的意义。

旧物容易坠入古董的迷思，使用者不得不慎重。我经常看到本来应该知道如何使用器物的茶人们，把器物当死物来用。在多数的场合他们被物件局限住，而非使用物件。就算用了，使用方式却很老旧，操作的方式限于型的呈现，加上使用的器物千篇一律。这类无趣的茶人，并不是不知道如何使用的人，而是因循既有的习惯以至于无法活用器物。光靠玩赏，器物是无法被活化的。

三、思考者的器物

借由观察者选取器物，并借由使用者让它与生活交织。这两样所联结的都是值得品味的世界，是令人愉悦的生活。早期的茶道礼仪般的领域被认为是一切都追求极致的世界，但是在意识时代生活的我们，对于器物而言，你我另有一个被赋予的任务，就是除了看见美、品赏美，还有思考美。器物是在意识形态里的器物，是因思想而活化的器物。对于美的认识，是近代人被赋予的一个新的责任，是至今为止的茶人们未曾充分接触的工作。这是当代这个属于意识形态的时代才能体会的喜悦。所有的作品是在充分认识下孕生的创作，而非单纯地从观察或使用中所孕育出来的创作。在当今的思维下，可以更明确地获得其存在的理由，并认识赋予器物新的特性，以往这样的

机会是不可能的。属于思考者的器物是近代的产物。当时茶人
们并非思索者。

即便是一件器物，对于沉浸于思索过程的人来说也是个好的
案例，并可以成为经典的公案。如有问答交流应该会很精彩。不
仅是美而已，也能从中追求真与善。如果不能纵观全貌，以及透
过历史回顾其历程，是不能称作经历过思索。光一件器物就能编
纂成一册哲学巨著，若再进一步还可能编撰一部圣典。

工艺的世界有许多面向，除了材料、技术、用途、形态、色
彩、纹样等之外，如果没有道德背景的支撑，就无法产出有正面
意义的教材。而如果没有信仰的基础，美的深度则不够。社会如
果没有良好的制度就不会健康，如果没有妥善的经济组织就不会
有正统的教育。因为多面向才是工艺，当中甚至包含众多学问。
因此怎么能让思维有所懈怠呢？思考必须不停地运作。

观察一件器物的美，或者我们从反面来思考与反省。为什
么它美？然后这样的问题又引出下一个问题。为什么它不美？
又，是什么让它显得美？准则是从哪里来的？如何才能使器物
显得健康？里头有什么规范？器物是在怎样的环境下生产的？
要求的是什么样的社会制度？怎样的经济组织是必需的？制作
的道德基础是什么？与信仰的关联是什么？美与生活是怎样的
联结？无数的疑问不断涌入。

同时我们不得不从反面考量，器物是因什么而变得丑陋？
病根是从何处萌芽的？物件为什么显得没有生气？不就是目标
的谬误吗？为什么东西丑陋却不自觉呢？如果以上的原因都能

明察，那不论是作者或购买者，都能拥有一个正确的审美标准。反省则使得器物的本质更为明晰。在反省中，有着现代才刚孕生的全新意义。

在意识思考下的境界，或许就是最高的境界。又或许可以说有了意识，是因为时代越来越糟糕。若所有的人都健康，人的健康意识就会越来越薄弱。但不幸的是在今日丑物却似乎没有尽头地增加，直到不得不作出取舍。而对于如何选择这件事，能具备裁决能力的就只有意识了。多数人为了不犯错，对于什么是美及什么是丑不得不明确地作出决定。如果没有思考者，将如何能成就这个分辨美丑的角色？器能被思考才能成为器这件事，是因这个世间充满着殷切的期许。因为思考不足，所以不知有多少浪费、谬误、伪装的产生而不得不去检讨。所以必须一边思考一边培育作品。尤其是为了将来我们不得不去思索，器是在思考的基础上来确认美的。

思维世界中有许许多多细节。器物的名称与语义的考虑是众多工作中的一环，材料的分析与性质的明确也是知识的面向之一。还有是何处生产的，是谁创作的，这类资讯的搜寻也顶多是其中一件工作。甚至是引用何种系统，时代的影响如何，用途何在，以及历史的考证，又是整体思想的一部分。

我所指的"思考者"，并非科学家也非历史学家。这些的确占有认知的一部分，但从我的立场却并不占有主导地位。因为就算称得上是间接的知识，却并未触及关于美的本质问题。主要的问题始终是价值的问题，是美的内容的问题。一件器物之所以具备美的意义，与其说是存在于科学与历史之上的，不如说是更加本质的东西。科学的基础正是与科学相关的哲学。有历史之前必须先有历史哲学。如果对美的认识贫乏，这部分美的历史与内容将变得索然无味。本质的问题常常就是价值的问题，也落在形而上学的范畴里，所以美学当然可以说就是规范学。

这里所说的价值并不是单纯指物的价值，也不是指物件能置换的金钱价格。价值就是物的本质。而将本质的问题推到极致就是美的问题了。美的价值就是作品的主体。作品有多美？其中美的内容又是什么？作品中哪里有相应的深度？有正面的引导吗？有足够的广度吗？我们常常回归到这样的问题。一件作品在哪个细节有着怎样的本质美感，决定了它存在的意义。器物的问题就是真理的问题。

但是这件要事在今日却显得很暧昧，不知有多少愚蠢的结论没有意义地反复出现。假设有位工艺史家在此，并提出美是没有标准的。没有所谓的价值判断，也就是说历史哲学并不存在。这样的情况下，这些工艺史家的评论必定引发骚乱。他们常常将作品的美的匮乏或丰富混淆不清，有时盛赞丑陋的物件；又时常忘却真正的美物，更有时对杰作进行非难。如此一来，正确与不正确的作品用同一个似是而非的标准来判断。这样的历史代表着价值认识的欠缺，这类历史不是正确的历史。

历史必然是由价值认识所构成。作品虽是单纯由材料组成的，对器物判断的妥当与否则来自价值的认识。与其说器物有自己具备的特质，不如说在认识的基础上构成了这些特质。托思考者的福，器物才能获得这些特质。可以说历史就是由认识而来的创作。一件器物如果不能触发正向的思考，就失去了存在的意义了。真理的问题如果不被触及，器物就没有存在的理由。这样的性质是器物在近代才开始享有的特质，过往都不曾如此明确。

但是我不得不强调，不论思考力如何运作，如果欠缺在此背后的观察力与使用者的贡献，深度思考也显得不实际了。

器物是活的，有着与人同样的道德与宗教背景，这些都是真理的宝藏，也与人的治理有着雷同的法则。欠缺法则，美也不存在。法则适切时，美则容易孕育。对于作品中所蕴藏的规则的认识，是这个意识时代里的所有人被赋予的一个新的任务。器物依据今天的思想，让新的生活复苏。这样的器物在过去是不存在的。因为思考者，器物得以获得关于美的内容的崭新一页。

观赏者、使用者与思考者成就了作品的后半生。对于观赏者的器物，使用者的器物，与思考者的器物而言，这个范畴以外更真实的器物是不存在的。

启彰导读
从作品的后半生到前半生

被尊为"日本民艺之父"的柳宗悦之所以强调作品的后半生，主要来自他所处的时代背景与心中对"民艺"的期许。"民艺"是什么？所谓"民众的工艺"，不是价格高不可攀的精致工艺品，而是你、我、他都可能以集体分工的模式创作出来的价格平民化，且数量普及化的工艺品。由于是集体分工创作的作品，所以不会有个人的特色与成名的念想，是柳宗悦称之为"无心"（无我）的创作。许多传世的日本国宝茶碗，例如本来是高丽农民使用的饭碗"喜左卫门井户"茶碗，一只随时可能被丢弃的生活杂器，在日本早期具备特殊洞察力的茶人之眼下，恰恰适足表现茶道中所流淌的闲寂之美。

这就是民艺的最高境界，只要你我具备了"茶人之眼"，就可能从一堆看似垃圾的杂器中挑选出惊世的名器。让这件原本让人不屑一顾的杂器，开始了璀璨的后半生。

这个"茶人之眼"的养成，来自直观。柳宗悦在此篇中更进一步引用禅语的"见性"，与道家的"心物合一"来说明直观。只是"见性"在佛家已是开悟之眼，那是等同于六祖慧能著名偈语"何处惹尘埃"的开悟境界，并非一般人能企及。"心物合一"就如同庄周梦蝶般"不知周之梦为蝴蝶与？蝴蝶之梦为周与？"自己是物，还是物是自己？这般物我两忘的境遇，也非常人能体会。但是直观有多重要呢？柳宗悦说"器物的性质是由直观构成的。缺乏直观的认识，就只不过是不完整的判断。没有任何方式能超越直观式的审判"。

那直观何以入门？我曾举办过多场"寻找一件感动自己的茶器"的茶会，引导与会者回忆过去，或练习在现在与未来入手一件有恋爱般悸动的器物。当自己经历过对某件擦肩而过的器皿朝思暮想的苦楚，或曾接近"玩物丧志"的情怀，在拥有融入器物与之交流的经验后，会对直观有初步的认识。

然而就算有了直观，被一般人认定的垃圾，从左手交到自己的右手成为国宝这样的契机，今天不仅在日本已不再存在，放眼两岸也不可能存在。商业与利益挂帅的今日，工艺品剩下两条出路。一是机器大量复制的产品，二是由创作者主导的半手工量产作品。部分大量复制的机械量产品虽然有低廉的取得机会，但同时存在着因主导者的个人名气，导致令人咋舌的天价。而半手工的作品则仰赖创作者所整合的资源，这类的创作者通常有一定的经济积累与业界地位，所以要回到柳宗悦所希冀的农民碗的价格，已是天方夜谭。而这两项模式下得到的，都是由主导者强力投射自我意识下以机械量产的成品。

于是乎柳宗悦所期许的，从无我之作，随处低价，茶人之眼，到传世作品的理想的后半生套路，受到了严重的挑战。日本早期由于具有无我之作与随处可俯拾的低价，作品的后半生从茶人之眼开始才显得如此重要。而当失去了"无我"这个基础后，现实中的创作都将是作者个人意识的延伸，唯后半生独尊的状态悄然退场，前半生的重要性跃然而生。

这个前半生的内涵，来自我称之为的"作者的精神性与修为"。换句话说，如果作者在创作的当下能赋予作品足够的内在深度，作品的后半生才有机会具备传世的价值。修为不是一种跳跃式的成长，或者单单技巧上的突破，而是沉淀式的累积，需要的是生命的厚度。我在日本看到最贴切的例子，是许多世世代代传承的职人，有的四五代，有的已经十五六代，谨遵世代相传的心法与不懈的努力。我也在两岸看到了当代历尽沧桑的艺术家，以自己人生高低起伏的领悟，换取仿佛穿越历史的沉淀。

茶器创作的艰难正好落在创新与不创新之间。以紫砂壶为例，不创新的困境并不在墨守成规，却在许多当代作家可以仿到传统的形，却仿不到神。而许多年轻一辈的陶艺创作者，为了突破传统找寻出自己的风格，于是在形制上追求奇巧。不论是在造型上的锐利棱角、极尽扭曲的线条、炫富的技巧，或者是争奇斗艳的异材质结合。如果是在纯艺术品的范畴上的创作，是值得鼓励的，但是成为日用茶器上的元素就不免与"茶"产生冲突。紫砂壶传统精髓里的"方非一式，圆非一相"，让茶叶能在茶壶里充分舒展，使内质完全释放，形制上方圆之间的协调是必要的。

　　以茶为主轴，作为配角的茶器，隐入茶席里却能散发内敛的光芒，又恰恰是难度最高的挑战。所以在形制的限制下，创作者能发挥的空间是有限的，在土胎的选配与肌理表现上，以及线条的骨架与釉色的调和中，避免稍一不慎的太过与不及，仰赖的正是前半生生命的沉淀，心乃茶器创作的依归，而非形制上的奇巧。

　　当今的时空背景下，"茶之美"的乐章已经从柳宗悦理想中后半生的茶人之眼的独奏，融入了前半生创作者的修为而成为交响乐。前半生与后半生，交织成了当今不可逆的，一首艺术家们不可不体察的最终章。

肆

关于搜藏

虽说是人在搜藏物，
但是左右藏品的却是人心。
单单有物称不上搜藏。
因此，好的搜藏意外地少。

　　这个世上喜欢搜藏的人很多，我也是其中之一。但是回过头看就会发现想要深入搜藏并非易事，需要花相当多的心思。虽说是人在搜藏物，但是左右藏品的却是人心。单单有物称不上搜藏。因此，好的搜藏意外地少。

　　法与道也是这个世界必须遵循的条件，一旦有误，搜藏就会成为无价值的行为。必须考虑的细节虽如此之多，其中的两个是主要的问题。因为搜藏就是拥有，一个问题是持有的方法。不正确的持有比没有还低劣。其次，因为搜藏也是搜集，所以另一个问题在于选择的方法。误选等同于没有选择。对这两件事的考察是本篇的主架构。

　　上篇是对持有方法的注意事项。从序言的角度论述了搜藏之心的意义，并将之记录下来。搜藏与本能的欲望有着紧密的联结，所以很容易被各种事物蒙上晦涩的阴影。我们的收藏也不能单纯地在私欲里终结。拥有与私有是不同的。

　　中篇是对持有物的笔记。就算想要拥有藏品，对于收藏没有价值的东西的愚蠢行为还是要避免。选择方式上有种种容易犯的毛病，因此正确的搜藏标准是必需的。如果不这么做的话，不应该搜集的最后都搜来了。搜藏就是一定得正确地去搜集不可。

下篇是结论，什么是正确的搜藏，我对此提出己见。好的搜藏是守护价值与将之彰显。更进一步说是一种开发，是一种延伸至创作的阐述。

谁都有搜藏的自由。但是活络或扼杀这项自由，都是我们的责任。我们想以什么方式持续藏品的搜集呢？我们自己现今在做什么呢？这些都不得不审慎考虑。我从自己许许多多实践的经验来反省，将过往努力汲取的真理在此详细列出。为了使后辈能摒除无意义的彷徨，希望对大家有帮助。

上篇

一

搜藏是心理上的一种兴趣，在生理上则是一种性癖。两者交叠后让人容易热衷于其间，这也是一种本能的回归。一旦觉醒后，心则越加忙碌起来。沉睡中的人是不能进行搜藏的，冷眼旁观便会觉得这些是愚蠢的事。理性思考者不容易进行搜藏，一入此道不论是谁都会热衷。相较于认知，意念与感情总会热烈地律动起来。高涨的情绪之下，人们会疯狂地不计一切。搜藏使人类勇敢，搞得不好就容易六亲不认，知道前进却不知道后退。一旦退却，搜藏就中止了。计较让人们畏首畏尾。如果少了硬要得到的热情，就称不上搜藏。见到好东西，就算再困扰也想要拥有。困扰会让人想要再搜集，没有困扰就算不上是同道中人了。每个月只在预算内采购的人，还不是玩得很到位。但这样的方式很冷静，所以能及时踩刹车。搜藏就是常常会忘却预算是什么的一种癖好，有时会不择手段地去借钱买。误入歧途并不好，但敢于这般无理地热衷，可以说是搜藏生机蓬勃的证明。对于有理智的人而言，这真的是愚昧到顶巅了，但也因为到达这般的愚昧才明了其中的妙趣。人们虽然可以随便对于这样的痴愚嗤之以鼻，但是能心平气和地做出些愚蠢事的，应该是具备在某些地方能够忘我的特质吧。有宗教信仰的人心平气和地将全部的身家财产奉献给神明，精打细算的人却不会这么做。如果能投身于浑然忘我的事物，反而比较像个人吧。连一点缝隙都不留给自己的人，或许身上有一些非人的特质。

17世纪欧洲最伟大的画家之一，伦勃朗，因为收集名画让他耗尽积蓄，最后悲惨地去世。或许有人说像这等有名的画家下场竟是如此，会如此忘我的理由来自伦勃朗那一颗纯净的心。也可以说是因为他对于绘画有着比常人多出一倍的美感所致。相较于贫乏与困苦，购画所带来的愉悦更为强烈。就算忘记了贫困，却忘不了画作，是不是贫困的结局已经不再重要。

能常听到喜爱茶道具的茶人们，热衷于找寻茶器，对痴迷的名器所投掷的金钱就如同粪土一般。在大名¹们的欲望前，城

1　大名：日本封建时代对一个较大的地域领主的称呼。

池相较于名器只显得渺小了。我十分了解对物件喜爱的心情，如果对茶器没兴趣，也不会有茶事活动。若是一般的常态生活，没有茶器也不要紧。然而就算不需要却仍然热心在器物之中，正是搜藏最大的趣味所在吧。身为人，如果连这样的余裕都没有，生活也未免太乏味了。

二

大体上如果有钱就能搜集到物件，这说法是片面的。物件的搜集有赖于金钱与精力，但更需要的是积极力。因为如果资金不足但热情洋溢，也能充分补足这个弱项，甚至是引出连金钱都无法企及的藏品。人们都说得要花钱搜集，但绝妙的是藏品会自己靠近收藏者。并非由于有钱所以能收集到物件，相反地，虽然不缺钱却找不到心仪的藏品，用有限的钱来买才称得上是搜藏。如果在金钱余裕的条件下搜购，这样的趣味将减少许多，对物件的爱也显得很微弱。没有钱所以买不起，或说没有钱所以不买这样的话都是谎言。有钱不见得能买，其他金钱充足却不买的例子也有。又，也不是用钱就能买到好东西。金钱买不起的东西不知有多少，好的搜藏需要凌驾于金钱的力量来运作。搜藏与阮囊羞涩是相随的，如果有钱就想随心所欲是行不通的。搜藏是一种冒险，也可称为不合理的行为。但是进入不合理的境界才是搜藏。相较于合理的对应，搜藏有着更不可思议的力量。

　　有人将搜藏当作雅趣来看也无妨，但有必要告诉大家，这个世间所有精彩的事物，都是在超越利害关系的环境下孕育的。器物也是在具备雅趣后才称得上是真品。若凡事精打细算，就与"游戏"的境界相距甚远了。在这个世间，不必要的搜藏是必要的，这就是无用之用。真是不可思议啊，为了搜藏，这个世界不知道有多少东西是要学习的。

　　有人问不需要的东西为什么搜集这么多，但此处并没有能回应"为什么"的合理解释。不是为了需要才搜集，而是这些物件让人心动。搜藏者是在物件中找到了"自己的分身"，藏品就像是自己的兄弟，在此邂逅与自己有血缘关系的亲人。自己与搜藏的物件中，存在着久远而深邃的因缘，像是在藏品中找到了自己的故乡。搜藏家时常品味着喜悦，如果无法遇见心仪的物件则感到失落与无法满足。追求的心是无止境的。

　　搜藏是对物件的情爱。购买算是促成这样的机缘，而搜藏则强化了彼此的情意。也因为强化了更觉得想要购买。如果没有出手搜藏，是因为激起的热情还不足，不打算搜藏的话意味着还没达到心动的地步。心念薄弱，理解也会薄弱。搜藏才是强化对物件的理解的途径。因为搜藏，让真理与美的内容能广布。如此一来将不知有多少物件被发现、被了解以及被守护。好的搜藏让这世界的价值能被高筑，也可以说成就了高瞻远瞩的世界观。没有人有办法不边赞叹边去观赏。

三

搜藏与欲望紧密编织，也正意味着烦恼。就因为有着牵扯不清的联动，常伴随着诸多的危险。搜藏与种种常识往往大相径庭，如果误踩地雷就会失去常态，一旦过度就容易引起病态的欲望。此事应当注意为宜。

常有人提起"藏书狂"一词，这是一类疯狂的症状。欲望如果病态地高涨，就如同来到了不道德的境域。欲望容易造就混浊与下流的心。欲望容易导致污秽的一面。有高僧因为觊觎藏书而起盗心，最后还有人因此而自杀。这样有害无益的事，不论是亵渎自我或打扰他人都不好。一旦行为失当就会令人兴味索然。

对于这诸多的变态行为，若是多少能进行反省也许就可防患于未然。如果道德意识存在，这些人的病症就能在不可收拾前治愈。即使没犯下外部的罪状，却有不少人触犯内在的罪行。搜藏是物件的私有，因此有时会仅止于私有欲。有时搜藏的目的并不是对物件产生喜悦，也不是要与不同的人分享，而仅仅是闭门自赏。这便是搜藏的另一个丑陋的案例。

虽说没有欲望的搜藏可能不存在，但独有欲望则将流于污秽。以欲念为始与终，是对自己与藏品的亵渎。因为以利己为目的时，生活是一片晦涩。欲火点燃后若产生其他念头，搜藏的意义就浅了。所以从搜藏中超越自我的部分必须璀璨夺目。只是如果尽是私欲，就等同于从他人手中夺取物品。搜藏也必须汇集令观赏者能由衷表示感谢的藏品。正确的搜藏并非个人欲念的坟墓，而是与更多的人分享喜悦。有时搜藏仅止于私欲是可耻的行为。搜藏过程中，人非得受人尊敬不可。搜集好物，要搭配良好的行为。对物件私有的认可，在于个人的持有能带来特别的价值，此时私有是没问题的。可是如果私有，并没有诞生新的意义，就不具备私有的理由。好的搜藏并非私藏，单纯的私有是需要被遏止的。

四

曾听到过不知多少捆价值万元日币的古画在拍卖场落槌后，被运送至古董店时，主人连一眼都没瞥就锁入仓库里。让我觉得很不可思议。这样的人在欣赏画时无法得到任何喜悦。只是觉得买下后成为自己的物品就好了，放在仓库就满足了。自己连看都不看，更何况是拿出来让别人欣赏。自己对画中是什么图案与模样、怎样的色调、有什么特色完全没有记忆，也没有想去记忆的兴趣。只是确知藏品目录中增加了一个项目。其中被赝品欺瞒了也不知。这样令人无法理解的搜藏家却不在少数。

藏而不宣的说法以前就有，包含对贵重藏品的保管切勿轻率的意涵。搜藏是对藏品保护的措施之一，让离散的物件能再次被邂逅并被慎重地对待。要将展品一件件地展示给客人会很麻烦吧，再者容易破碎的物品常常取出来也很危险。有时给一群不懂观赏的人看显得毫无意义，有时又因人手不足导致无法拿出拿入。但是就算将这些障碍都考虑进去，如果搜藏成为单纯的私有物而以此终结，那也只是死的藏品而已。与其说是搜藏，不过是堆积与储存罢了。物件如果不能活用，其主人也只是个墨守成规的人。如果失去与其他人一同欣赏的喜悦，只剩下一个人独乐时，这样被称作犯罪也无可厚非。当拥有的东西因个人因素阻挡流通，等同是一种隐匿，或者说是对物件的断绝与杀戮。

自古以来茶器便有不随便见人、不使用、藏匿所秘而不宣的风俗。对此总有各式各样的理由。有人说应当被珍重的藏品与应当被公开的藏品是不同的，少数人说不用能增加器物的尊贵程度，只是这样的理论有着强烈的利己影子。有些人对于密藏美物的兴趣远大于被公开赞叹的兴致，但是对物品保有真爱的人必定会与他人分享着喜悦。相对于不愿公开的态度，持有开放态度的人才能真正享受到自然界的逍遥，而且心情是愉快的。茶人的心量有时很狭窄，是因为对器物的诚心与爱的不足，并将兴趣过多注入不纯正的物件里。对于器物的爱必须是率真的。物是人与人之间的绝佳媒介，必须让心与心透过器物邂逅与交流。密藏是徒然地背离茶的精神。茶人对收藏的兴趣不应该流于变态，茶祖的本意也不会仅止于此。茶器不该在私有中死亡，茶器应该能创造更多的心与心能和合亲爱的场域。

搜藏中第一件重要的事是持有的方式，这决定了藏品被活用或埋葬，人也会因此决定走向光明或黑暗。器物一旦被持有，持有方式不当便会往错误的一方直进。

五

　　有时搜藏的动机不单纯。预见有利可图而搜集是一例，频繁地购入新画作的买家就属此类。被美打动而下手的话是件好事，但是别有居心的买家是存在的，尤其预期价格大幅上涨而入手的人不在少数。绘画成了投机的道具，搜藏沦为堕落。

　　购入的作品是否是正确的与美的成为次要，反倒聚焦于该如何高价地卖出。比起购入的喜悦，如何卖出更令人兴味盎然。与其说是搜藏，不如说是生意。作品成为置换成财产的商品。像这种无法超越利己意涵的行为，根本也没什么好讨论的。即便不会因内容而污秽，也会因为其目的而低贱。对于这些人而言，物品并未带来单纯的喜悦，更遑论虔敬的心。搜藏家与古董商必须是相异的，面对美的作品却即刻考虑其利益是可耻的。

　　与此不同的是，将搜藏当成一种手段的人常常存在，这成为保有社会地位的方式之一。搜藏成了社交的媒介，可以说是利用价值的精打细算。以前的茶人会应用此方法。品阶低下的人借由器物与太合[1]殿下攀关系。对于利益的渴望大于对器物的爱慕，使得搜藏目的变得不那么单纯。藏品无法成为一流的搜

1　太合：本为摄政大臣，一般常指战国三雄之一的丰臣秀吉。

藏，器物的持有者则明显地没有未来。一旦失去了利用价值，器物就如同破鞋子一般被丢弃。这样的人不会好好地去欣赏作品，顶多是在大量购入的客人面前作出陈列。与其说是要展示作品，不如说是想接近客人吧。这样的人没有认真的眼光。更遑论去期待那样的地方会散发出光芒。将搜藏当作利用工具的人，其心是残败的而藏品是崩坏的。对物件真心关爱的人，被美感动的人，是不会知道什么叫作利用的。

当搜藏与利益结合时，不论交织出何种结果都将阴暗晦涩。把它当作风雅的道具使用，提高社会地位的资格的利用方式，或是置换财产的物件，这些都是对搜藏的亵渎。如果不能超越自我，则不会有好的搜藏。

物件的持有是件好事，我只是希望能从单纯拥有到对持有方式进行内敛与净化。

六

在此我想加注一段必须强调的事项，搜藏虽然从私有中孕生，如果进一步能将之公开，甚至纳入美术馆的收藏，则是一件美谈。也就是将私有物进化为公有物，这是在个人意义中加入社会意义。

有人说在持续的个人的爱里，物件才会最辉煌，没有比这情况更能让物品受到关爱。这是片面的真理，因为有合适的主人时，是最能将它活用的。然而美术馆中，温暖的持有人常常不存在。对器物不理解时，物件就只能僵硬地被处理。我们也常目击死去了的美术馆。但相反地，在能活化物件的美术馆里，藏品能进入辽阔的生活中。

如果仅止于个人的收藏，或当持有人远离时，对物件的保障也会不见。个人搜藏若没有特殊状况，离散的命运终究会到来，更遑论对子孙的信赖。相较于 "个别的价值"，搜藏是"集体的价值"。如果移转为公有财产，对于其价值将提供全面的保障。搜藏方式越是卓越不群，越是万人想要一睹为快的器物，或者越是想展示于万人眼前的物件，公开是最符合世间的理念，今后人类将朝这样的理念一步步接近。持有者独自一人也能活化器物吧，但是公众身份的持有人更能成就大事。而且好的个人藏品在公开场合更能有所发挥，优秀的收藏不应局限于私有。搜藏是在公有的状态下具有最深长的意义，因此公开被认为是一桩美德。今后美术馆将承担重大的社会意义，关于这点我也感同身受。我殷切期盼所有搜藏家的社会良心都能被唤起。私有也是一种不错的持有方式。但公有化，则是更大气的持有方式（拥有极为卓越的素材的日本，却栽在美术馆的质的贫瘠上，因为搜藏的社会意义并非一般的私人得以理解）。

中篇

一

　　搜藏是个格外麻烦的病症，这样的病例比犬类的热性感染症还多。想想并未罹患此症的人竟然比预想的还少。与其说是搜藏行为的病症，不如说是黏附于藏品的病症。与其说是持有方式的错误，不如说是选择方式的错误，从某方面来看是致命的挫伤。相较于持有的恶行，对不应持有的物件拼命去收藏才是真的过失。再怎么搜藏，尽是收藏没有价值的东西也不是办法。有什么比搜集一些不入流的物件却产生了愉悦还更愚蠢的呢？这样的病之所以说是致命的，就是这个理由吧。然而这个世间没有存在理由的搜藏还是很多。

　　如果对搜藏一言以蔽之，范围太广而且性质相异。我决定将之分类并逐次解析与诊察。然后指出什么是错误的、什么是正确的搜藏，并加以鉴别。希望有许多搜藏家能从这些内容中反省自己是属于哪一种藏家。这是一篇各种病症的诊断书，希望各位依此映照出自己具有哪些病症。

二

　　搜藏是异常奇妙的。从勾起的回忆中付诸行动开始搜集，先将之命名为纪念品的搜集吧。爱因斯坦残留的粉笔，伊藤公[1]用过的烟蒂，皇族吃剩的便当空盒，贞奴[2]在垃圾桶中丢弃的断梳，也有人收集这些物件。这些都只是纪念品，但这样的藏品常伴随着有趣的联想。

更为平凡的是，像是在各地旅行时所留下足迹的土壤，住宿时的收据，喝完的啤酒空瓶，自己剪下的指甲，将这些东西细心保存的人是存在的。这也是守住各种不同回忆的方法，以后或许派得上用场。但是这样物件如果拿去给他人欣赏，物品本身并不有趣。若说这尽是我的联想也无可厚非，只是这些东西的确没有什么价值。这像是遗物一般，从历史价值的角度来说是极端贫乏的材料。

拿破仑的手帕又如何？西乡隆盛[3]的木屐又如何？与历史没有直接的关系，这样的搜集到头来只是个奇特的嗜好，相关的话题可以堆积得如山一般高。虽说搜集是无罪的，但都是些就算留下来也无关痛痒的东西。说这些是搜藏的话就太蠢了，因为保存的意义单薄了。好在这类奇特的藏家并不多，我们就此略过。

1　伊藤公：伊藤博文（1841—1909），明治九元老中的一人，日本第一个内阁总理大臣，明治宪法之父。伊藤博文曾四次组阁，任期长达七年。

2　贞奴：川上贞奴（1871—1946），为日本明治至昭和年间的著名艺妓，也是第一个女演员。从小卖给妓院，后来成为首相伊藤博文的小妾。她不甘心命运安排，要嫁给二流演员川上音二郎，让伊藤不得不放手。后来她帮助丈夫成名于西方世界，是一位传奇性的女性，被视为名著《蝴蝶夫人》的原型人物。

3　西乡隆盛（1828—1877）：日本江户时代末期的武士，是明治维新时期的"维新三杰"之一。

三

搜藏中最多的一类人，就是执着于一个种类收藏的人。这样的例子不胜枚举，从小孩子的集邮到大人搜集的浮世绘。品项常常不断地细分，例如要的是绘画之外的工艺品，要工艺品中的陶瓷，陶瓷之中要日本的，日本陶瓷中还要指定伊万里（图❶），伊万里中还要是赤绘，赤绘中还有皿类，皿中有大皿，大皿中有上品等特殊的分类。我想搜藏癖是最鲜明的例子，从精彩到奇怪的品项，种类的名称还真多。只是它们的价值还是得由内容来决定。不论什么搜藏都是搜集，只是品项改变了，价值就在此处有了分野。

最普通的例子是集邮。孩子们对于搜藏本能的觉醒就从这里展开。对他们而言是世界地图或教授风土文物的教材，因此多少能起到教育的作用。只是就算对孩子们有一分价值，集邮对于大人而言意义还是太单薄。我所认识在集邮上挥霍万金的

❶ 伊万里烧　线唐草纹

藏家，被嘲讽的声音就不曾断过，当事人应该也知道。除了单纯的个人乐趣之外，社会意义倒是极为薄弱。

不过还有更无聊的物件。绞尽脑汁搜集火柴的标签、饭店的贴纸、鞋袋的商标等，这些人是存在的。还有被撕掉的夜间打工小广告，有热心于勺子、木屐、信封、铅笔等这类的人。若说这些尽是低级趣味也无妨。但假设这些物件一瞬间灰飞烟灭了，这个世间也不会损失什么。

当中也有因为某些因缘而收集的例子，例如热衷于大黑天与惠比须[1]。专注于达摩的人也有，但拿到这些丑陋的物件与绘画，又有什么价值可言呢？当中也有因为十二生肖的马年而搜集马的例子，动物学家将马的种类作为研究物件还说得通，但是同时搜藏相马烧[2]的陶罐、赛马的门票的话，说是搜藏到了病入膏肓的状态也不为过，因为内容过于浅薄。这类收集动物的例子又极其多，像是象、犬、马、牛、猿、兔、狸、狐，还有鸡、蛇等等，以及这类绘画、物件与玩具的搜集。

有些人专注于杂志的创刊号、限定版的最终号等，在日本常见的藏品还有例如镜、铃、挂坠、笔套、剑柄、水滴、酒杯、油壶、烟管等等。看得出是基于什么心理因素让这些人容易搜罗这类物件。

收集物件的范围无限大，但这些搜藏的意义会依藏品内容

1　大黑天：佛教中因守护三宝佛、法、僧而战斗的大黑神。惠比须：日本民间信仰的七福神之一。

2　相马烧：福岛县相马市所产制的陶器。

而被施予审判。卷烟草的包装纸与浮世绘的美术等级不同，江户时期的两位浮世绘师写乐与国芳的价值也不同。如果拿同类的书籍为例，搜集意大利诗人Dante的文献，与收藏袖珍本的等级不同。与狸相关的绘画与玩具即便收集一堆，若从美的角度、历史的角度、社会的角度来看，又有多少意义呢？因为这些都只是停留在单纯的个人特殊嗜好而已。这与研究镰仓时期净土宗的开祖法然上人的学者们，和去搜集上人相关的文献的意义是不同的，这并非个人的嗜好而已。

针对无意义物件进行的搜藏是件愚蠢的事。在搜藏前对于该物件内容的客观价值提出疑问是必要的，借此思考与他人能共享多少的喜悦也是一个方法。又，借此反思自己生活的哪些部分是具备足够深度的。啤酒瓶盖不论搜集几个都没有意义，女性计数香水瓶数量的多寡是个浅薄的兴趣。说有钱人买进各国的金币是个奢侈的兴趣并不为过。若说金币有许多美的价值，在历史上若有重大意义则另当别论，但是能证明此事的人却一个也没有。为了收集这些金币必须耗费大量的金钱，而结果只是成为货币史书籍的插画，成本也未免太高了。

人们不应该收集愚蠢的物件，也不该没有头绪地收藏物品。虽说谁都有选择藏品的自由，却不是搜藏什么都好。

四

常常遇见许多自豪搜集了高价藏品的人。虽说一般而言没钱就办不了事，但在这里发现了诸多盲点。虽说不可思议，但金钱很难成为优势。原因有几个，第一是动机的不单纯。相较于物品本身，成交金额成了夸耀的项目。我不认为非高价的物件，搜藏的格调就会低下。第二是思考方向的错误，高价的物件不一定就是杰作，没有人能保证特高的价位与极美的作品能画上等号。低廉的金额与良好的质量又不一定相违背，然而闹剧在此尚未告终。第三是这证明搜藏者没有判断能力。由于对于藏品没有自己的定见，让价值判断的标准由金额来决定。看到高价就立刻认为是好作品，但是不知有多少高代价的背后是狡诈商人的操控。卖不掉的东西突然价格飞涨而立刻卖掉的例子屡见不鲜。商人常常利用这样的手法，以高价博取人们的信赖。物件真正的价值与市价是不一定成正比的。

因价格高就炫耀物件是肤浅的趣味，以低级趣味来称呼似乎很恰当。对于高价格的信赖，等于宣告自己的无知。高价当中名实相伴的物件肯定还是存在，只是绝不能以价格为评断标准。在这些人眼里，物件的选择并非因为对象本身，而是以购买力取胜。然而购买力不能以金钱来衡量，而是由选择决定。选择是依靠理解，而非金钱。物件不论高价或低价，依据选择力来决定购买是不会错的。有钱人的持有物在金额的加持下闪闪发光，但物件本身往往黯淡无光，就是这个原因。相反地就算是便宜的对象也有机会被选上，使得搜藏一事充满生气。实质的部分是价格无法保证的。如果是以金钱作为基础来搜藏，意外地将以贫乏来收场，这等同于要在暗处捕捉活物一般。况且高价的物件奢华的为多，不论奢华是华丽还是软弱，最终让各种病菌容易滋生附着。对于高价物件的炫耀，其内容大多空虚而乏善可陈。

五

有些人会认为什么都好，什么都要搜集。有人则购物范围广泛。在搜集的物与物间，如果有着有机的关联，不论怎么收藏都能成为优秀的藏品。如果缺乏这些内涵，那搜藏只能在杂乱里终结。如果个别的藏品间没有任何关联，那便失去统整性。这类搜集的显著特色就是如同玉石的混淆。不论美物或丑物必然同席，正确与错误的物件始终混杂成堆。搜藏家最常染上这类病症，而且病情还不轻。

藏品中有各种不同的类型，对谁来说当中都会伴随着质量上下不一的东西。但是如果这之间的差异太过悬殊，甚至有彼此不相容的物件，藏家就要负起责任了。可以说是搜藏者的选择力不足，标准被暧昧充斥，见解模糊不清。明明看见却视而不见但又能如何？如果在认知后能有明确的取舍，就不会有这般模态。在搜藏中让美丑同框而不自觉，这样的藏家是不及格的。

什么都可搜集这样的回答是没有说服力的，以什么题材都可以来反驳的话，这类的反驳是不成立的。这只是将自己匮乏的选择力暴露出来罢了，将自己没有标准与欠缺秩序的弱点表露出来而已。我们对于丑物、误判的物件，以及无趣的东西是不需要去接受的，因为它们无法成为搜集的题材。没有统一性的搜集，再怎么为它雄辩也不会成为搜藏。

搜藏就某些观点来看，必须是经过整理的。如果没有一致性则将内容稀薄，到头来只是胡乱收藏。如此混杂的选择，不会令搜藏变好。质量无法提高，是难以成就好的搜藏的。搜集的范围广阔是件好事，但其中是不是有规律则相当重要。

重点会回归到这些搜藏家是依据什么标准来选择的。依其深与浅会分成左右两方。但在众多的场合却连分辨深浅的能力都不具备。与其说是标准的深浅，更多人流于没有标准。换句话说是对物件没有价值判断的能力，也就是不了解。这样的场合下，若是有逸品不过是巧合，出现劣品则想当然耳。搜藏的观点确切时，搜集的品项即便很多种，也会自然地趋于一致。条理分明的搜藏是值得一看的。因为总体来看，会呈现出像是单一藏品的外观。

此事看起来意外地困难。藏家中能以一致的观点操盘的令人讶异地少，多数的情况是自己没意识到要持续什么样的搜藏。我的想法是即使标准多少偏低，标准化的品项比无标准而混杂的玉石价值要更高。因为前者是作者的创作，而后者并非如此。在一个单一的观点整理下的搜藏是具有整体的力量的，没有标准的物件却只会有几件佳作。搜藏的气派，前者远远大于后者。可惜的是，这个世间的搜藏大部分没有明确的基准，都只不过是拼凑杂乱的材料，这点是搜藏的致命弱点。

六

"集"与"多"有着相同的姿态。一件两件物品成为不了搜藏，搜藏就是搜集了许多物件的意思。原本所谓多的这个概念是相较之下的产物，二三十件可以算多，两三千件也是多。但无论如何，只有几件藏品是很难谈搜藏的。结果有许多藏家沉迷于数量的竞逐。因为庞大的数量能明确搜藏的意义，但千万别忘了一个新的病症将伴随而起。因为多数搜集来的物件必定无法保证每一件都是良品，多不代表质量佳，数量的增加对搜藏而言反而会有压力。当中会无意义地混杂同款，或矫作的物件，甚至劣质物品。这些藏品当中一定有不必要的物件混杂入内。

以油壶的搜集为例，如果贪多的话，形、色、模样皆异的都可以刻意地搜集而来。但是是否都是令人满意的佳作呢？那可不尽然。数量的追逐导致藏品中必然混杂了不入流的物件，对数量的执着使得搜藏无法深入。绝对不要忘记相较于数量，质量是更重要的。徒然地将数量增加，并非好的搜藏，或者无法成为好的搜藏。这样说更直接，质量好的物件的数量是不会这么多的。过度搜集，搜藏内容的质量是不会高到哪里去的。相反地对数量的执着会劣化收藏。

然而从一开始便严选并只入手少数的藏品，这样畏首畏尾地搜藏也是危险的。恐怕会欠缺自由发展的空间，这类的忧虑是存在的。最初多少会因误选而浪费，那也是没办法。反之，如果搜藏是以数量为自满将是个错误。以数量为出发点的搜

藏，是本末倒置，越搜集越觉得不得不在质量上建构藏品。但
是不如此反省，却一再犯错的人非常多。数量这类的比较值，
并非根本之道。以质为本的搜罗才是根本。相较于数量，质量
才是王道。这么简单的道理，却是大多数人搞不清楚的。

七

藏家往往会陷入的下一个病症，是对珍品的执着。稀少物
有一种价值，因稀有而贵重，这是必然的通则。因为许多物件
容易被取得，而且稀少的物品易引人注目并留下深刻印象，也
因此倍受关注。

但是我们不当盲目地接受这样的观点，不应该被对珍稀
的执着套牢。因为稀有种类不一定就是良种。不，稀有种类有
许多变种而来的例子，因为是特例所以稀少。如果对于稀有种
类有所执迷，将落入变种的搜集歪道。对这类物品过于固执的
话，搜藏的质量反而会滑落，因为偏离了正轨。

大多数的物件是平凡的，但如果稀缺则价值大增。只是大
量制作的物品却不一定是劣质的，因为制造的数量庞大，质量
越锻炼越精致的例子也不少。没有多与美无法共存的法则。在
工艺这类的领域里，虽然大量制作却十分精美的案例很多。如
同多即是丑并不成立，少即是佳的评断也不存在。也就是说对
珍稀太过执着是不正确的。对于珍稀且是逸品的物件我们不得
不承认它的珍贵。相对地，珍稀的次品在这个世间出乎意料地

并不稀少，藏家最好留意此事。竞逐珍稀物品时，搜集将会意
外地在质量的匮乏中终结，因为这并非正道。珍稀虽是价值的
一部分，却不是藏品的本质。如果搜藏建基于珍稀物品之上，
会比建立于普通物件之上更乏善可陈。我们最好对珍贵与稀缺
物品不要太过于坚持。不论珍稀或大量，佳作就是佳作，劣品
就是劣品，用这种态度来选择才是正当。有这般权威，搜藏才
能变得越来越有光芒。

八

接下来我要再列举一类病症。许多藏家对"完美品"有着
强烈的执着。对于一本书或一个陶器的裂纹、瑕疵、污浊等缺
点极度地嫌弃。有些人对于不完美的物件绝不出手。具有这样
特质的人有很多，毫无瑕疵的物件又相对较少，商人便锁定完
美的物品赋予高价。购买方会对瑕疵品百般挑剔，在杀价的过
程中总是提到这点，不是吗？卖方与买方以完美与不完美来设
定价格标准。

假设在此有同一品项的完美与不完美两件作品，谁都会
选择前者，而且认为该选择前者。只是问题并没有这么简单。
收藏于卢浮宫的希腊的断臂躯干雕塑是件有缺陷的作品，但很
美，不是吗？甚至在近代，人们从断臂躯干雕塑开始学习雕
刻。相对地，四肢完备的雕像，美物与非美物的差距甚大，不
是吗？如果米洛的维纳斯有着双臂，或许就无法进入卢浮宫

的特别展览室。又例如挑选的一个陶器上，有些变形与裂纹
釉的附着，不是更增添一缕风情吗？茶人们常常能感受到这样
的美。以一幅古画为例，由于时代的因素使得污浊让作品更美
的例子屡见不鲜。相对地，我常常目睹刚完成的画作栩栩如生
却欠缺安定感。完美的作品就应当是佳作，这样的法则并不存
在。非得是完美的作品不可的这类认定是不成立的，完美与质
量不一定画上等号。

然而问题包含更多层次，在此将一流的不完美品与二流
的完美品摆在一起，到底哪一样的价值更大呢？我毫不犹豫地
表示前者为大。相较于完美与不完美，本质的部分与东西的价
值，有更重要的关联。但是执着于完美的人忽略这个事实，并
反复错过精彩的物件。搜集完美物件的藏家们的搜藏，意外地
不仅无法炫耀反而显得拘束。完美的物件常常显得冰冷，因为
无懈可击。

在意瑕疵，是对完整的爱远远超过对美的追求所致。瑕
疵如果过度，美也会被损及，但绝非完美即是美。两者有幸好
一致的时刻，也有不一致的情况。对我们而言最重要的是美与
丑、深与浅、正确与错误，而非完美与不完美。完美的丑物不
知有多少，不完美但美的作品也有许多。明知道丑却因为完美
而选择，这与价值判断背道而驰。也与只因为不完美而选取相
同，都不具任何意义。这两者是同病相怜的。佳作不论是否有
瑕疵还是佳作，丑物就算是完美还是丑物。只拣选完美的作品
才搜藏的方式，会有瓶颈，因为实在看不到亮点。嫌恶瑕疵，

冷处理与冻结瑕疵品的例子还真不少。完美与不完美不会成为作品判断的价值标准。即便是一个标准，绝非最根本的标准。搜藏家不得不更自由地直接接触物件的良莠，外在的条件容后再思考即可。

九

因此选择的标准以"铭"（图❷）为主也是易犯的错误。在搜藏陶器的人群里常常看到的现象，是有些人只搜集有落款的作品。这情况价值在铭，而非物之美。是因为这些人将铭与美一体化了，甚至认为如果没有铭的物件就不美了。但是这样的判断只不过证实了完全对作品认识贫乏，欠缺直观。自身的鉴赏力不足，所以依赖铭以求心安。没有定见的人局限在将箱书（图❸）当成宝贝，箱书并非不好，但是因箱书而决定物件的价值这样的态度还是早些放弃为宜。相对于箱书，更应该注重的是物件本身。看不见物品却只看到铭，或者因为铭才看到物件，是看不明白作品的证据。如果没有具备对于佳作裸选的眼力，绝对无法成为有权威的搜藏家。早期茶人们依赖铭而认同茶器这样缺乏见识的行为是不会发生的。对铭紧咬不放，是辨别力低下的后代才开始的。有没有铭是次要的事，仔细赏析并挑选出佳作才是正道。

如果能清楚分辨这点的话，会很惊讶这个世间还有很多佳作还没被发现，未来的藏家会极端地忙碌。既有的搜藏大多是

② 濑户根拔茶入　铭置于底部

③ 白天目茶碗　附箱书　传曾为
武野绍鸥所持有

停滞于由铭、来历、鉴定书、箱书、落款所组成的藏品。更丰硕的品项正等待有缘人的青睐。

对于落款与铭的执着，是搜藏里纠结最甚的病症之一。相较于"因为有铭所以好"的观点，"可能的话不要铭比较好"这样的态度是比前者的段数高出几级。或宁可适用于"因为好所以就算有铭也无妨"这样的道理。没有铭所以好这样的立论不成立的话，有铭就好这样的立论也不成立。因为好加上落款的肯定还说得通，并非因为落款才肯定是好。即便没有落款，但是好的物件就是好，有落款但是差的物件还是差。不，特征鲜明的物品中有铭的不少，我们不应当在有无铭上纠结，对于物件的直观才是要紧。

对于铭的尊崇，只不过是受到近代个人主义的影响。因为发展到认为只有个性化才是保证高度美感的思想，但是无数没有落款的极品，无法用这样的概念来说明。对于铭的执着使得我们的鉴赏力越来越钝化，只看到人而忽略了对象本身。因此依靠自己的双眼确认物件的能力就不断弱化。所幸有些物品的价值的确与铭一致，但未必都能一致。前述的陶器类的工艺品领域里，有铭的作品比无铭的作品更优异的例子几乎不存在。近代绘画类的作品虽与作者相关甚大，但我们对于六朝的壁画与天平时期（729—749）的雕刻、西洋中世纪的诸多古画，并没有因为缺乏铭而将之舍弃。铭的有无绝对不会成为物品的价值基础，我们并不是用铭来搜集，而是以物来收集。

✚

　　有时藏家依赖商人的推荐来进行搜藏，然而在这当中我们必须明确知道，不会有什么真正好的藏品出现。书店这类算比较好的。书的赝品很少，其中良莠的选择比较容易。因为如果有相当的学识，很多时候在判断上比商人更优，而且对所有人而言定价是大致一定的。虽然同样是商人，但一旦成为古董商，可信赖的就寥寥无几。在不认识的人面前比学校的老师更喋喋不休地做道德劝说，这是他们的通则。虽说不是全然的吹牛，但诚实的内容却绝少。为了让人买单，不管作品的良莠，只会滔滔不绝地赞美。

　　这时如果自身的眼力不足，只会变成愚笨的听众，看到藏家如此被牺牲就令人心烦。若说那是买家的错会比较简单。藏家不能成为对古董商言听计从的没见识者。有时古董商如果不施点小手段，交易就不会成立。他们的忠告往往动机不单纯，而且眼力好的古董商人数连十分之一都不到，如果眼力好的话可能就不好做生意。不，是一定无法做生意。劣质品如果不取巧地贩卖，利益就单薄了。况且有人格的商人不知有没有十分之一，但是人格佳的商人或许不一定会做生意，他们对于物品的保证有着极不单纯的动机。

　　物品当然是要由买手来选择。买与不买出自自由意志，因此大家可能都知道这样的游戏规则，但是靠自己的鉴别力购买的人却少之又少，大多牺牲在商人的花言巧语之下。受到古董界商人的熏染的结局是悲惨的，茶人大体上是个范例。所有的茶器几乎都乏善可陈就是好的证明。

所以优秀的藏家会牵引商人，因为藏家会对他们进行指导。商人只要能达成交易，就会非常努力地跟随这样的藏家。他们对盈利高度敏锐，让商人尾随很简单。但是相反地被商人牵引的话是不会有像样的搜藏的。我认识两三位在商人的劝诱下搜藏的人，始终在悲惨的命运里打转。东西让商人先做收集就够了，所以让商人帮忙搜藏是不行的。好的搜藏是有赖于早于商人一步两步的眼力，如果不是依靠自己的鉴别力，也不要陷入如同商人的搜集般没有见识的结果，切记切记。

下篇

一

这是我为如何正确地搜藏所准备的两三点补充事项，以及好的搜藏有什么价值，非具备怎样的性质不可，所写下的相关记录。

至今为止的立论，对我们有如下的警告。在搜藏开始时必须对藏品的内容仔细思考。实际上收集了充足的物件，但热衷的是无关痛痒的东西，又有什么好处呢？粗俗趣味的满足还是早点放弃的好，因为当中不会有任何发展，搜藏不能终结于像搜集达摩这类的品项。

然而例如在搜藏有价值物品时，我们应该这样质问：以什么方法搜集，以什么角度选择？例如明画的搜藏，那个时期的中国画很好，但并非全部的明画都好。如果选择的方法错误，目标短浅与暧昧的话，搜藏是不会发光的。搜藏是由搜集的方法决定的，相较于物件本身，选取观点才是根本。

所以应该选择怎样的标的？首先是对质的理解，质就是物品的内容。与质相较，数量等都次之。本来数量多也没关系，但是如果欠缺质，量多也无益。质并不是靠量来决定，决定量的是质。例如质佳的青花赤绘十枚，与劣质的百枚相较，价值肯定高出许多。量并无法取代质，在搜藏中质比量更重要，对质的品味让搜藏更扎实。对质的要求一旦懈怠，搜藏就会逊色。不论多珍贵的，多完美的，多高价的搜集，一旦质粗鄙的话，搜藏的意义就薄弱了。

在此谈到的质与内容，是指物件本质上的价值。例如有史学家要涉猎的史料，就算搜集了许多旁系的二手三手的材料，也无法构成确切的历史样貌。即使史料的数量稀少，但只要是基础史料就至关重要。哪些史料会丰富历史的价值，对这些史料的理解就责无旁贷。这个价值标准如果掌握不好，搜集的材料将沦于杜撰的内容。因此缺乏终极的历史价值却热心地搜集，便造成了这样矛盾的立基点。标准一旦暧昧，搜集的材料立刻混杂起来，想对历史进行梳理却早已不可能。

例如书志学的学者，往往会陷入想要巨细靡遗地搜集文献的欲望，但这是近乎无益的。因为没有选择的搜集，只会使得内容徒增混乱，而客观的真理却被掩盖。文献透过选择与整理，多增添了一层学术的价值。质比量的梳理需要花更大的功夫，好的搜藏毕竟意味着好的选择。

所以根据价值标准来取舍至为重要。好的搜集是有主题的搜藏，错误的搜藏是既缺乏整理又没有秩序的。搜藏不仅仅是搜集而已，而是整理的工夫，所以这是对价值世界的认识。依此，物件的价值将被确认与整理。与此相反的杂乱的搜藏，其物件的价值就会暧昧与稀薄。如此一来，搜藏反而成为一种罪过。这个世间有许多不应存在的搜藏。

二

藏品如果隶属于美的领域，质的问题就移转到美的内容。藏品有多美，我们不得不去判断。丑物的搜集是没有意义的。如果变态的、不正确的、不自然的、劣质的、贫乏的等这样的物件比谁都收藏得多的话，不过只是二三流的行为罢了，滥竽充数将立即危机四起。我们不得不自我反省，所搜藏的物件是否符合美的高标准。

以湖东烧的藏家为例，就美的价值来看，当中多少也有佳作。但是这样的陶瓷里几乎没有一流的作品，仅仅搜集了几个这样的物件，意义也有限。对美的理解如果深入，就会明白只为了符合这类题材是没有意义的。但是如果搜藏同为陶瓷的九谷烧，与湖东烧相较段位就不同了。作品中多少是有优劣的，但搜藏必须是高标准。

只是问题不单如此，我们在此不能错失了正确的选择。留恋于徒具形式的珍品，与样貌奇特的品项，搜藏就会终结于不合规范的藏品。同样是九谷烧，发展到中期与晚期，后面的作品有明显优劣的不同。我们非得具备从中分辨美物与非美物的能力不可。在选择古九谷烧（图❹）时，必须要求更严密的遴选机制。不良品早已充斥市场，如果没掌握好选物的高标准，藏品将全面失去控制。

好的搜藏意味着精选的藏品。精选指的是能直接看到物件。反过来说并非根据概念选物，而是能够直接看透物的价值。如果直观钝化了，对美的价值的认识将立刻陷入混乱，结果玉石的混淆成了理所当然。但是好的搜藏不会犯这样的过失，直观的运作能迅速驾驭器物。因为焦点总是明晰，好的搜藏是直观的本能映射。

虽说谁都看得见物。但是直接观看的人却很少。很多都是

❹ 古九谷烧　色绘德利

先从理论、来历、铭、系统、手法、技巧等外部进行判断，这
些部分我们可以之后再研究。对物的整体直观是最重要的，我
们无法从切碎的纸片，还原成原来的纸张，以偏概全是不可能
的。在直接地鉴赏物品前，先关心是谁的作品、何时完成的、
在哪里制作的、怎么做出来的等等，会去想这些问题的人，是
无法把握物件的本质的。在深信不疑之前，借由知识去理解与
尝试去相信却无法尽信的结果一致。就像从知识无法归纳出相
信，从概念出发要去获得直观也是不可行的。单就知识不可能
成就出色的搜藏。

三

因此如果自己并没有很好的见解，最好是顺从他人的见
识，或者参照价值已经有了定论的物件，借此可以让搜藏变得
很保险。以宋窑的搜藏为例，宋窑是已被世界公认的藏品。我
们可以在这里看到美的世界，是对于被认定的价值的良好守
护，我称之为"守护式搜藏"。这样的搜藏扮演了良好的社会
角色，因为借此，物品的价值更被强化与保障。人们模仿这样
的搜藏，虽无非是徒然地重蹈他人的轨迹罢了。然而对于没有
自己定见的人，这比自己草率地求表现聪明多了。知道自己的
本分并保持谦逊，并非每个人都能做到的。依循正确的标准，
结果让搜藏进行得很顺利。不知有多少搜藏家迷失于自己的表
现过头，而不得不检讨是否搜藏正在劣化。

比"守护式搜藏"更进一步，达到"创造式搜藏"的话价值将更上一层楼。搜藏是见解的产物。相较于先有物再行挑选，不如先有了选择，物才出现来得更适切。如果能开创新的见解，提高基准，搜藏即进入了创作的范畴。借此那仍然未知的价值世界，将开始受到追捧与扩增。如果真能如此，必能启发与开创新的一页，被埋藏的真理与美将清晰地呈现出来。至今仍隐匿的物件将被发掘，沉睡已久的物品即将苏醒。有时原有的目标被颠覆了，物品的地位迎来了革命。创造式搜藏是先于时代一步的创新。因为先行一步，搜藏的新要点则会启动。此处有着绵绵不绝的创造。创作式的搜藏，其内容是具有指导力的藏品、具有权威的藏品。有时迫使原有的价值倒置，因此最初无法得到正常的理解。因为原本的惰性仍会产生干扰。然而真理是不会被击倒的，总有一天指针会为我们转向。当搜藏进入创作的阶段，新的世界就会被建立起来。如此一来搜藏就不会是单纯的个人兴趣，也不会是只限于嗜好类属的物件。搜藏将就此成为公共领域的事务。搜藏会超越私有，成为赠予这个世间的普世价值。与其说是持有物件，不如说是借搜藏来创造物件。好的藏家是第二位造物主。

四

我在最后想奉上一句忠告。搜藏容易沉沦于类似对古董的嗜好，容易停滞在安逸的享乐中，对喜好新奇事物的人而言，此事弊端甚多。而且此事不论从任何角度来看都不讨喜。与其说是兴趣，或许不如说是恶习来得更为合适。只是一味地视之为玩物并沉溺其中则必须慎重。在此各种心病容易攀附，这些事情必须特别注意。玩物容易令人丧志，徒然地热爱古物、迷恋珍品、计数藏品，这般守财奴式的生活并不罕见。这会使个性显得阴沉，生活污浊不堪，最后连交际也是一团乱。遗憾的是这样的例子还真不少。

希望搜藏能成为点亮生活的那一盏明灯，最好避开只想玩玩的心态。对过去的耽溺将妨碍未来的发展。搜藏不能只限于自己的享乐。借此还必须提升世间的种种价值。如果无法为人类提供任何贡献，就一定是可耻的行为。不能消亡于单纯利己的嗜好中，而希望拥有能在生活中生机勃勃且澄澈深邃的器物，还想拥有可能分享喜悦给他人的器物。搜藏终结于单纯的私有，而让生活萎靡不振的例子并不少。所以我们不得不深化搜藏，让人们可以从玩物回归到生活的本体。

以下是我真心的忠告。藏家会去收集自己敬重的物件，这里的尊崇并不是单指喜欢或者觉得有趣，而只是以自己为主体来思考。所谓的敬畏是自我谦逊的意思，能在物件中感受到超越自己的内敛与纯净。在搜藏的过程中能有如此的惊喜，搜藏的精神永在。搜集这项行为，是对这种内敛与纯净进行守护与宣扬。搜藏必须是对于永恒的赞美。好的藏家对藏品抱持敬畏之心，因为敬畏，所以能让搜藏光辉耀眼，光靠物件本身是不会发光的。与其说搜藏的是物，不如说是更多与心的联结。

启彰导读
当代搜藏的契机

　　1924年，当柳宗悦由东京搬家到京都时，开始积极收藏民艺品。由于当时市场没有"民艺"的概念，柳宗悦与陶艺家好友河井宽次郎遍访各个旧货市集，以相当低的价格淘到许多宝贝。直至今日，在1936年创设的日本民艺馆内所珍藏的动人藏品，绝大多数都是该时期搜藏的。柳宗悦开创了特殊的视角"民艺"，让民艺馆的藏品，感动了世界各地到访的群众，在《关于搜藏》一篇里所分享的内容，都是经过淬炼的重要心得。

　　在搜藏的世界里，古董占有一大部分藏品的比例。直至今日，很多朋友还会问我，为什么不经营古董？我虽然很喜欢古董，但许多经手古董的朋友都了解，古董是门囤积资金的生意，下手要快、狠、准才不会被周转问题严重牵绊。又常常会遇到一件好的器物出手后，发现要再入手相同等级的品项，成本却与刚出手的价格差异不大。今日古董的价格与市场流动资金的现况息息相关，世界各大拍场更与金融界紧密结合，并早已深入各国民间寻找目标物。古董与各类艺术品俨然成为金融投资新目标，对进入古董市场过晚的一般经营者而言就相对吃力了。柳宗悦在文中则推崇新的器物，因为新的器物让我们有机会亲手滋养出它的光泽。那么对一般人而言，新品搜藏的机会何在？

21世纪里最激励人心的搜藏故事之一，是工薪家庭的搜藏奇迹赫伯特（Herbert Vogel, 1922—2012）的经历。出生于纽约的赫伯特是一位邮局职员，他的太太多萝西是图书馆员，夫妇两人年收入加起来虽不超过5万美金，却在五十年里收藏了5000多件价值连城的艺术品。更令人佩服的是，夫妇两人这五十年来从未卖过任何一件藏品，反而在1992年决定将所有搜藏捐赠给位于华盛顿特区的国家艺廊（National Gallery of Art），因为该艺廊不收取任何门票，也不出售任何一件藏品，而夫妻俩希望这些藏品是属于大众的。

赫伯特颠覆了所有人对搜藏者的印象，除了是一位用有限的薪资购买作品的穷人收藏家外，还有他因为真正喜欢而经常与艺术家一起聊天到凌晨三四点，却从来没有问过一个问题的内向性格。他的搜藏策略是将藏品集中于美国极少艺术与观念艺术的领域，与这些前卫而默默无闻的艺术家在他们成名前交上朋友，在倾听艺术家的创作心得时，赫伯特最多只能夸上几句"很漂亮"便不知怎么往下说了。但对这些未成名的艺术家而言，赫伯特的收藏就是他们房租的来源。

赫伯特的故事呼应了柳宗悦的"搜藏与阮囊羞涩是相随

的"之观点，因为并非有钱就能买到好的物件，相反钱很少才让搜藏显得有意义。他在现实中开启了一个不可能任务的成功版本，在最少的资源下作出搜藏界不可思议的贡献，也给当代有志于搜藏的我们一个鲜明的启发。

2016年我曾在深圳美术馆办过一场台湾陶艺家的个展，其中一位参与者望着一件新作的茶海痛哭流涕，事后告诉我好似前世曾经用过这件器皿。这位当代陶艺家以自己穿越时空般的历史沉淀，为崭新的创作注入了像是历时数百年的灵气，让参观者仿佛被拉到了电视剧中穿越的情节，勾起一段恍惚的前世今生。柳宗悦曾表示"在这个世间，不必要的搜藏是必要的，这就是无用之用"。搜藏者有着那美好的一刻，是在藏品中找到了深层的感动，这样的感动超乎实用性，可以是心灵与物件的契合，也可能是勾起某段遥远的回忆，这时的美超越了实用，带来了乐趣。无论每位搜藏者的故事为何，藏品的认定与选择就是当下自己状态的映射，所以如同柳宗悦所说"搜藏者是在物件中找到了自己的分身"。

另一位白手起家的藏家友人，分享了他搜藏的故事。在艺廊打工时期建立起藏家的信任后，他开始私下为藏家与艺术家间的交易做中介。在累积艺术市场的经验与部分中介费后，便尝试顺势入市。他的原则是，宁可集中火力搜藏一件百万的创作，而不要分散成十件十万的作品。他的经验中贵的作品往往是一时之作，是作者个人阶段性的代表作，升值的空间也最大。勉强因为预算不足而屈就于低价的作品，结果是精彩的创作价值倍增时，其他的藏品价格仍在爬行。这个经验与逻辑，让他目前荷包鼓胀。

　　这类的经验属于柳宗悦定义下的"守护式搜藏"，是在已被业界认定的作品框架下进行搜藏。然而柳宗悦最期待的是"创造式搜藏"，也就是凭借自己的眼力将被埋藏的美清晰地显露出来。"创造式搜藏"仰赖的是直观的培养，一旦有了直观的能力，就有机会重新改写搜藏的轨迹，让隐匿已久的藏品重见天日。柳宗悦说："与其说是持有物件，不如说是不得不借由搜藏来创造物件。好的藏家是第二位造物主。"民艺馆中所搜藏的民艺品，就是在当市场仍对其不屑一顾时，柳宗悦以自身独特的审美所创造出的新世界。

　　建议大家在正式进入搜藏前，先牛刀小试即可。任何品项的搜藏，都必须缴交学费。至于学费的多寡，则与自己的野心与学习能力有关。拿普洱茶为例，许多朋友在真正认识茶之前就大量搜集，而且误以为任何现在搜藏的茶叶，不管好不好，等个十几二十年就成了宝。殊不知动辄上百万一饼的红印也有能喝的与不能喝的。许多拍卖场的老茶，只剩下出处正确，外包装无误，然后以胶膜封好后送入拍场。一饼百万价值的茶，拍下的人也舍不得喝，等着几年后回拍再大赚一笔。

　　任何类别的藏品的搜集都有一个进程，在能培养出自己独到见解之前，别急着下重手。如同茶叶绝不能用耳朵喝，器物也不能用耳朵赏析。用心锻炼自己的品赏力能达到同时切中市场价值，与自我审美价值的平衡点时，就是时候开始迈开搜藏的步伐了。

　　谨记柳宗悦文末的提醒："与其说搜藏的是物，不如说是更多与心的联结。"

伍

心念茶道

茶道的美就是法则的美。

「茶」是属于所有人的「茶」。

「茶」并非个人之道，

而是人间之道。

一

他们看到了。任何情况都会先眼观再说。有办法眼观到了,所有的不可思议都从当中泉涌而出。

谁都可以看东西,但每个人的看法都不同。因此不会看到同样的东西。视角会有深浅差异,能见到的还分成正确与错误。看到却看错,等同看不到。谁都说能看到器物,然而真的能观看到器物的人有多少?少数者当中,我的脑海浮现早期茶人们。他们看到了,也看得见。因为清楚地看见了,所以他们所见的器物散发出真理之光。

他们是如何看的呢?就是直接地看。所谓"直接地"这件事与其他人看法不同。直接让物件映入眼帘是件极端美好的事。大部分的人会透过某些东西凝视,总是在眼与物之间置入一件东西。有的人置入了思想,有的人夹杂了嗜好,有的人会惯性凝视。这些也都是各种观点之一。然而这与直接看是完全不同的,直接看是指眼与物无隔阂地交流。无法立即看到物,也就难以触及物的核心。对优秀的茶人而言这点是办得到的,因为办得到所以称为茶人，在此之外的都不是真的茶人。这与能直接地看得见神的，才会开始被称为僧人的道理一样。茶人就是有眼力的茶人。

二

进一步来说，认真的话能看到什么？观看时能看出什么？内在部分会映射出来，或者说能看到器物的真实也可以。有些哲学家称之为"全相"。不是看器物的某某部分，而是去看器物整体。全部不是部分的加总，"加"与"全"是不同的，整体是无法切割的。因为是无法分割的部分，所以无法细分去看，也因此不会有分类。直接地看就是思考前先看。用头脑去看，只能看到局部。看到之前让知识介入其间，将停滞在肤浅的理解。看见的力量比知识的力量能使人知道更多。著名的宗教书上这么说："在相信之前试着想知道的人，是无法对神有全面理解的。"美也是如此。看之前动用知识的人，是无法对美有全面理解的。对茶人们而言最重要的事是先去看，在当下直接看器物。

如果没有乌云遮蔽则眼能迅速运作，因为看清了所以不会迷惑，迷惑是因为加诸了思考。思考若先行运作，用来看的眼睛就会被遮蔽。真切地看就是很清晰地看。若能很清晰地看，连踌躇的空闲都没有。这里所指的看与相信是一起联动的，相信是因为能清晰地看到。如果能看到器物的真实，信念也会被诱发。能直接地看到的人理解力需要很强，因为没有留给眼睛运作的时间，所以良莠与否一眼立判。不感困惑的人是大胆的，所以会观察的人能睁开眼做开创性的事务。因此从茶人们的眼孕生了许许多多的器物。看见与创作是同一件事，所有的"大名物"都是茶人们的创作。谁是原来的创作者，是在何处何时完成的作品呢？茶器因为茶人们的存在而诞生，所以称呼茶人们为双亲也不为过。眼会毋庸置疑地去创造物。

茶祖并非在茶道中看到器物，而是因为看见才开始了茶道，这与后世的茶人们是截然不同的。在茶道中观赏器物，与直接看是不同的。这件事是大多数人没察觉到的。坠入茶趣味的"茶"就不是"茶"了。无法好好地见到物，"茶"就失去了它的立基了。"茶"常常教我们如何直接地赏物，却不会教我们如何在"茶"中观看。被"茶"囚困，反倒看不到"茶"。无法净化双眼，如何将"茶"留存下来呢？

三

然而不仅要去看，光看还不够，仅仅看是不能看尽的。他们需要更进一步地使用，不用是不行的，用则还能看得见，如果不用就不能说看得完整。因为没有比经常使用的器物更美的了，在使用时他们更会大量地接触到美的密意，要看得清楚就必须经常使用。美在于眼所见、脑所思之外，更进一步让身体能感受。也就是说从使用中去看，这是我想表达的。"茶"与单纯的鉴赏是不同的，在生活中能品味美的才是真的"茶"，只是在眼前看到的并非"茶"。

茶道就是看见器物之道，也是使用之道。谁都是每日从早到晚使用着器物，也会去分用来做什么，以及怎么使用。虽说谁都是每天在使用器物，使用的器物林林总总，使用的方法也各式各样。有些人将应当使用的器具束之高阁，有些人将最好别用的器物天天使用。有人对用来做什么毫不上心，有人对怎么用不愿关心。称他们为使用者真的贴切吗？器物依选择方法而分类，使用方法则可能会扼杀了活用性。误用比不用更糟，使用方法不止一种，四季的推移、潮汐的变化、房屋的结构、器物的性情，悉数从使用方法中追求无限的再创作。如同人在等待器物一般，器物也在等待使用者。使用器物虽很简单，又有几人能好好地用？真正的茶人们在生活中带入器物的使用，从看到用，来深造这条路。在生活中因为能品味美，才是茶道最大的功德。

四

然而要用来做什么呢？并不是只要能用的就凑合着用，而是要达到能将至今谁都没用出的器物活用的境界。有时我们甚至不知道东西的用途，只是因为美所以想带入生活里，使用方法就此生成。也因使用而让器物成为能用之物。最终会变成除此之外，就没有更适当的器物的想法。不，应该进一步提升

到非此器物不可的高度。今天所见的是令人觉得全都是为了
"茶"而创作的器物。然而创造器物，并想出使用方法的就是
茶人自身。如果没有这样的创作，茶道也不存在了。并非原本
已有的茶器，所以当作茶器使用。他们擅用觉得美的器，运用
周到的器物就是茶器。

要是有派不上用场的物品，会是它的美出了什么问题吧？
丑陋的物品使用起来也难以忍受。如果具有健康美，器物就会
不停地发出"来用吧"的呼唤，就算是放着不用还是觉得美。
眼睛会召唤使用的手，"茶"从中而生。与其说茶道召唤器
物，不如说是器物召唤茶道，然后看的眼、用的手把器物培养
成茶器。如果没有美的器物，在"茶"中要培育出茶器就会显
得困难。有人认为不论是凭借茶器或任何东西，都能构建茶
道。有人认为如果没有茶器，就无法奉茶了。这不过是在阐述
平凡的真理罢了。缺乏选择器物之眼，如何保有"茶"？如果
没有产出器物的能力，"茶"又如何能兴盛？假设拥有器物却
不会使用，茶道礼仪又怎可能形成？

茶祖最惊人的成就，是翻开了器物的历史新页。茶器固
然存在，但没人去看也没人去用，直到茶人们见了、用了而成
为茶器。所以可以说在他们之前茶器并不存在，没他们就没有
茶器。接续在他们之后的有多少器物称得上是茶器呢？后世中
以"中兴名物"为名的许多名器，与"大名物"相较都相形见
绌。如果这些器物在茶祖面前展示，不知该有多丢人啊！而这
类"大名物"有着正统的美。

仔细想想"大名物"的前半生不过是被漠视的器物罢了，茶人的出现使它们成为独一无二的美器。如果具备鉴赏的眼力，"大名物"的数量会持续增加吧。这个世间并不是没有被隐匿的美器，想必茶祖所见的器物，也只是极小的一部分。恐怕还有无数的器物都正等待我们的出现。只是还没出现召集这些不遇之物，能将之提升到"大名物"的人而已，只是能将它们活用的人不存在罢了。这样的伯乐如果能够出现，就能将茶祖的伟业更加发扬光大。

五

接下来谈谈他们都怎么用。他们的使用方法很出色，但并非说是用得很好，也不是指用得很有心得，只是因为他们遵循了使用的法则。如果不像他们那样用，都不算会用吧。除了他们之外，有谁能用得这么好呢？器物如果正确地使用，谁都能发现如何回归到以前茶人的使用方式。他们的使用方法并不是只为他们自己，使用方式也因他们而让规范升级。超越了个人，也贯彻了法则。包括器物的看法与用法，他们都奠定规范。对于他们无上的功绩应予赞许。

但并非在考虑型之后，才将"茶"嵌入其中。在应当用的场所中，将应当用的器物在应当使用的时机拿来使用，自然就会回归到法则。当落实在最精炼的使用方法时，这一刻将成为型。所谓的型的姿态就是使用方法的结晶。探索到最后时，会达到精髓。这就是型也是道。使用方法如果不如此深究，器物的使用将不到位。使用不到位时，就不能说完全充分地运用。功能充分地运用时，人将自然地遵循法则来使用器物。"茶"的型来自必然结果，而非设计。有比法则还更顺应自然的东西吗？

所以"茶"皆为道，因为有道就有公理，有必须遵守的法则。茶并不允许随兴的个人好恶，也并非单纯止于满足个人嗜好的小确幸。茶道是超越个人的，茶道的美就是法则的美。纯粹展现个人的"茶"并非好的"茶"。"茶"是属于所有人的"茶"。"茶"并非个人之道，而是人间之道。

六

再来谈谈茶道礼仪[1]。礼仪是被形式所规范的，礼仪到位了，"茶"也达到了最深的境界。升华这样的礼仪形式才是茶道。形式上要求我们奉行不渝，茶道礼仪会有如是的权威，学习者不得不对这个礼仪遵循不悖。说不定有人会将服从理解为拘束，可是顺从法则就是遵循法则，在此之外是完全没有自由的。自由不能是任性，对法则的遵循才能得到完全的自由，任性是会导致更大的拘束的。自我主张过度时，就会被不自由所压迫。茶道礼仪赠予人们自由的公理，这关系到所有传统艺术

---

1 茶道礼仪：禅宗的饮茶礼仪，也是日本茶道的原型。于1191年由荣西禅师自中国带回的茶的礼法。荣西禅师随后在京都开创建仁寺，并在法会中将吃茶的仪轨纳入，成为之后日本各个门派茶道的滥觞。

之道的深意。舍弃了型，能乐[1]如何拥有美，歌舞伎如何具备艺。不论萌生出多新的艺能，达到高深境界时，最终会归结成型。"茶"就是这个型里最深奥的美，而"茶"的实践者对于法则不得不谨慎。

茶道的永续是因为有型的存在。就算茶祖逝去，茶人在历史之中往返出现，最终只有茶道礼仪会永远留存下来。这超越了个人能力，不会消失在时间的流逝之中。就算有许多谬误的茶人因袭过往，然而型就是型，是不会被左右的。如果"茶"无法达到礼仪的境界，历史早就宣告其结束。只终结于个人一世的东西，生命太短暂了。

今日保留下来的是型而不是人，可惜的是并没有能对型善加活用的人。留存的型至今存在感很低，不得不感叹茶人因误解而扰乱了型，停留在型却不知型的真意。与其说是只领会型的表象，不如说是对"茶"的误解。型与形是不同的，仅夸大形的"茶"，怎么看都觉得丑陋。往往茶道会被批判拘泥于形式而遭受非难，这不过是对型的意义的误解。致型于死地的是人的罪过，而非茶道的罪过。有依据死的法则而被保留的东西吗？因为东西是活的，才有办法深化法则。因为误解了礼仪的深意而谋害"茶"的不知有多少。忘却型的真意，至今又不

1　能乐：是日本独有的一种舞台艺术，为佩戴面具演出的一种古典歌舞剧，从镰仓时代（1185—1333）后期到室町时代（1336—1392）初期之间创作完成。能乐在日本作为代表性的传统艺术，与歌舞伎一同在国际上享有高知名度。

知蹉跎了多少岁月。在茶礼中如果不能达到无入而不自得，则是无法驾驭茶礼之人。在形里赏玩"茶"要谨慎，不能轻忽型，而得要融入型中来活化"茶"。真的"茶"借由型而更加自由解放。

所有伟大的艺术工作是发现法则。茶道诉说着美的法则，是道惊人的一环。

七

爱着器物的是他们。因为有他们，器物发出了光辉。然而爱的方式，是他们不只展现自己的器物。这意味着他们所爱的器物，不论何时何地何人去爱都好。这并非他们的选择方法有偏颇，也不是说掺入奇巧与癖好。不含有丝毫个人的偏见来欣赏，只是如实地观看着器物，所以他们所爱的器物普遍受到欢迎且有不错的价值。如果有真心地爱着器物的人，这些人所爱的东西应该也会有人一起珍惜。这些东西无须说面对谁、置放于何处，它们会发出讯息说"看我一眼吧"。置放在任何名物旁边，也不逊色。观赏者如果看得见，应该会怀念起最初他们所看到的美。因心与心相通，借由他们所见的器物，让所有的人相遇。相逢的场合是他们所提供的。如果未能相遇，这个过错在人而非器。原因更不在他们。他们所爱的器物，具有被所有的人珍惜的特质。他们的爱并非出自个人的爱，而是背负着所有人的期许的爱。他们的爱也是所有人的爱的缩影。如果真有值得爱的器物出现，实则正在被他们的爱所包围。不，他们只是持续爱着所爱的器物，别无其他。不只如此，应该能感受到只有他们所爱的器物才是值得珍爱的器物吧。假设有他们没发现的美器，还是能察觉这些器物与他们的所爱有着相同的本质。他们所爱的器物，代表着所有应该被爱的器物。对器物的爱越深入，越能感悟到应当回归他们所爱的美。所以如果有机会邂逅绝妙的器物，比起谁都更想让他们见见吧。在叙述美的相关事物时，其实是持续传述着他们的故事。也可以说所有的美的器物，持续地吸引住他们的目光。所有的眼都涵盖在他们的眼里，所以他们所爱的器物，是所有人想爱的器物（图❶）。他们所选的茶器就是有这点魅力。他们以这些器物，诉说着美的普遍姿态。（图❷）

八

在这里他们的眼完成了不平凡的工作，恐怕是前无古人的伟业。他们透过所选取的器物来赠予人们美的标准。茶道扮演着弘扬这个馈赠的角色。人们量测着神秘的美，并接受简单的标准。这不是一件令人惊讶的礼物吗？而且这是谁都可得到的礼物，对谁而言一定都是一杆精准的秤。并非只有茶人才收受这样的馈赠。就像量尺可供众人使用，谁都能用它来作为衡量的标准。也让难以分辨的美，变得容易测量。

而且这样的量尺上没有任何记号，是世上最简单的准则。刻

❶ 李朝窑　染附扁壶

❷ 明　赤绘皿

度上写有什么呢？只有"涩味"这一词语，就足够了。这个世上有各种各样的美之相，有可爱的、有强健的、有奢华的、有纯粹的各式的美。人会依据性情或者环境，倾向当中一项。如果能再钻研雅趣的话，总会达到涩味的美。能到达这样的境地，美就完成了。如果要探索深度的美，有一天就会达到这番境界。陈述美的深意可以运用许多种形容词，但这一个词语就能道尽。茶人们将美的趣味，借由这个词语来呈现。

因此所有的人，对于物之美也可以借由这番说法来衡量。以此观点审视，可以一窥茶人们眼中的器物，学习他们欣赏的角度。就算自己的能力不足，透过这一词语也能测量美。以此为准则是不会有错误的。不论眼前出现什么样的美，只要仰赖这个词语就能判断。这当中包含了将人们引导到秘境的美。

或许该说是幸运吧，全日本人都知道这词语，甚至不断使用着这个重要的词语。没学问的人也能随意地在会话中应用这样的词语，而且借由这个词语反省自己的品位。就算是再怎么喜欢花哨的人，对于涩味之美的深奥都心知肚明，这就是属于国民的美的标准。哪一个国家具备相当于这个词的词语呢？如果没有词语，将欠缺观念也不具事实。涩味这样的日语，可以表达无上之美的标准的词语，却没有在其他国家的词汇中出现，也没有在复杂的汉语词汇中呈现。它并非抽象的理性语言，从味觉而来的"涩味"这样极为平常的词语，可以说是只出现在东洋生活里的与生俱来的词语吧。

芭蕉[1]也留下"侘"[2]这样的词语。越了解俳道[3]的人越会接受这样的意识。这是文学与生活的目标,但是想要让谁去解释它却困难重重。"侘"并非当前形容器物的用语,也无关乎形状而是心念的传递。但是"涩味"可以透过器物传达。形的展现,色的展示,模样的呈现。在茶器中可以看到的简素的造型、寂静的肤质、不显眼的颜色、无装饰的姿态,连没资质的人也都能接受被这个词语的精神所活化的种种器物。正由于物能呈现出美,所以是茶道令人难忘的强项。这并非遥远的思想,而是近在咫尺的现实。心借由器物呢喃,器物则映射着心。"侘"与"涩味"是一体的。但是"侘"属于知识分子的词语,而"涩味"则存在于民众的日常用语中。因为有了这个词语,能让民众感知美,民众也开始耳语着美,这是何等幸福的事啊。而这不是一般的美,是涩味的美、尽头的美,美的集大成等。这个词语,正是茶人们赠予众人无与伦比的遗产啊。所有日本人对于深度的美,还有比这更惊人的词语吗?

---

1 芭蕉:松尾芭蕉,江户前期的俳句诗人。

2 侘:闲寂之美,茶道美学中的理念之一。朴素中隐隐透出澄澈、闲寂的逸趣。在日本中世以后逐渐形成了美的意识。在茶道中特别受到重视。

3 俳道:俳谐之道。俳谐又称俳句,为日本古典短诗,由17字音组成。最早的俳句出现于《古今和歌集》,收录《俳谐歌》58首。

九

选出来的器物都是不凡的器物。会越看越美，在当中潜藏着不寻常的意义。完整地齐备了十项看点的器物，毋庸置疑地每一处都是值得赞叹的。但是如果他们只是对应该惊叹的器物惊叹不已，也没有什么大不了的，恐怕是谁都会的。但是他们的眼是更犀利的，是更健康的。这并非在异常的物件中看到异常的样貌，而是在寻常的物件中洞察到异常的内涵，这样的功劳是人们绝对忘不了的。他们并不是从他们热爱的器物中，从贵重的、高价的、奢华的、精致的、异类的物件中抽拣出来，而是从平易的、朴实的、素净的、简单的、完整的物件中选取而来。在没有波澜的平常世界里，发现了最值得赞叹的美。有什么比在平凡中见到非凡，还更非凡的吗？今天大多数的人们只能在被认定的非凡品中看到非凡，否则就会认为是平凡的。早期的茶人们观察到寻常的物件中的深度，他们在谁都不屑一顾的寻常物件中挖掘出异常的茶器。这些"大名物"的茶碗与茶叶罐，原来都是再平凡不过的民器而已。

真理始终是贴近真实的，他们以爱来重新审视着自己周遭的生活。日常的杂器正是他们的眼所专注的领域，那些是谁看了都不予理睬的东西。说是大胆还真是大胆，但没有比这更为必要的了。这些朴素的日常器物，是不会成为背叛他们的不道德者。由于朴素的器物能接受爱，所以器物一件一件由无垢的心孕生，在自然的恩惠下培育成长。心与身都健康。因用而生的器物，若操持着病弱或华美的体态，并无法胜任服侍的工作。诚实不正是他们的道德吗？正因为有这样的器物，正统的美才得以辉映，有什么好不可思议的呢？这是一段誓言要以美进行救赎的生涯，谦逊的器物才得以与美结缘甚深。这些"大名物"过去都是粗陋的杂器，它们的美从朴素的性质中泉涌而出。不具备谦让的德的器物，是不能成为好的茶器的，因为茶道也是教导清贫之道。然而大概是灾祸吧，今天的茶人们设计出了累赘的茶室、做作的茶器与乱套了的茶道礼仪。

+

我们换个议题来探讨吧！原本茶祖那许多美的器物，是从为了美而创作的作品中选拔的吗？绝对不是。这些为了生活而创作的器物，就是他们最好的朋友。他们所观察的"美"，不是遥不可及的美，是与现实贴近的美。与其说是思考的美，不如说是交织于其中的美，更能感受到真切的爱。不是在观念里而是在生活里，然后更深层地凝视美。可以说是将美由远拉到近，感受到熟悉的美的本质，美与生活坚实地联结在一起。在鉴赏的历史中，还见不到如此彻底的例子。

所以今天我们称为工艺的领域，是一个能够吸引他们的世界。相较那些因美而孕生的美术，为了生活而孕生的工艺，更能让他们观察到更深厚的美。如果与生活疏离，却想要爱着美是不可能的。美最深刻的样貌是生活中对器物的凝望，这些都源自他们的洞察与体验。因此美的物品与工艺的物品对他们来说是一件事。与藐视这个领域而只重视美术作品的美学者们，是何等的不同啊！这些人在自己建构的思想里品味美，但如果只停留在这里的话，并不是茶道。

茶事自始至终都代表着工艺品。诸多的道具也是如此，更不用说书画的挂轴、装裱的协调。这些如果不能成为工艺品的话是用不上的。茶室正是工艺品的综合体，庭园的配置是工艺化后的自然，点茶的动作不外乎是工艺的作为。这些全部是在用里发生，并扎根于生活的美。说得得体些，是"茶"生活的模样。茶道礼仪就是浑然天成的立体纹样。如果离开了工艺品，"茶"之道就无法树立了。将美显露在工艺里，从工艺观察美，这正是茶道的特性。这件事除了他们之外，还有谁会毫不犹豫地去推广呢？美如果不能贴近生活，他们就不会去诉说美了。这样，他们赠予了工艺一个美的永远的地位。茶道就是工艺的美学。

十一

然而茶道并不终止于看，也不是停滞在使用的层面，更别说是终结在型里，这些都是学习茶道的关键要素。然而必须更往内探索。如果不能追究到底，就不是道。如果是道，就绝非短暂的表象。喜爱茶的人有很多，然而因为道很深奥，几乎所有人都无法企及真的茶境。不是谁都能走入"茶"道。"茶"

容易沦为玩赏，以至于停滞在兴趣里，略进一步就以老练的人自居。到底所有的自负、装模作样、好事、技巧，这些与道有什么关联呢？今日"茶"盛行，并非茶道盛行。回首前尘，不得不哀叹今日的衰败，甚至令人觉得为什么今日找不到任何茶人。道与心的深度有关。如果技巧不成熟，或是器物不到位，这样罪症还轻些。如果心无法安顿，就等同于谬误了。心如果无法深化，"茶"不会是茶，或者不能说是"茶"了。

"和敬清寂"是常被反复使用的标语。这个标语要求我们要有心的准备，准备起来相当困难。如果不够精进，谁又能轻易地领悟。茶道是从物的教诲逐渐升高到心的教诲，如果无心了，物还能活用吗？拥有良物就等同于拥有良心，我们不得不去深究两者的结合。物如果不能呼唤心，则难成为物；心如果不能活化物，则难成为心。美物再多也不能称得上是茶器。所有的物在心展现出来前，是不得不持续进化的。如果忘却了心，又有谁能将物活化？心不够真诚，物也难以真诚。把心与物置于茶境里就是一体的。然而能准备物的人多，能梳理心的却很少。所以穿着僧服的不一定是僧人，能成为真正的僧人，才能着僧衣。许多人在谈"茶"，但是有几个人真正算得上是茶僧呢？"茶"是美的宗教，到达宗教境界才成为茶道。心没有完备，就无法融入茶境。心的梳理不就是为了心器合一而作的准备吗？净化心之前还无法与物交流时，就称不上是能够看到物与使用物。只是玩物是对物的亵渎，对物的亵渎也是对心的亵渎。心如果残留着污浊，与物纯粹的交流就会发生困难。

真诚的人如果不出现，器物也不能成为器物了。

　　茶境就是美的法境。那里流传的诸多法规，与宗教无异。美与信看上去是两件事，实际上是一体的。自古茶道与禅道是紧密结合的，这是绝配。以器物为媒介的禅修是茶道。一个茶碗、一只花瓶都是绝好的公案。一木一石的配置，与一句一行的意义有何差异吗？闲寂的茶屋等同于无声的禅堂。这与诸多的茶道礼仪，和日以继夜的清规有何不同？美的理解与遵循，和信的修持是唯一不二的。即心即佛、心物如一，这些都是表述真理的不同用词。佛的跟前与美的跟前所呈现的庄严、温暖、澄澈、和谐，有什么区别呢？禅僧与茶人二人心连心，相异的只是外在的形。在茶道里修持美，是为了栖息在终极的境遇里。如果能够遵循和敬、参悟静寂，梦想的心是不会污浊的。茶道礼仪正是修行的一条道路。傲慢的、自豪的、富有的、污秽的、伪装的人，是难以靠近美的法门的。喜好物的人很多，能修心的却很少。这样是不可能参透茶道的，茶道是不疑的心道。

十二

　　训示已年代久远，但是精髓又有什么古今之分呢。禅是古也是新，经过历代并未凋零，反而吸引无数人，是因为有什么不朽的潜力在其中。也有人认为那是过往的形式而舍弃。只流于形是运用的失当，而非茶道礼仪的罪过。孔孟的教诲虽然古老，但人伦的道始终回归于此。如果有人能够汲取吸收，就是源源不绝的新泉源。让茶道在形式中死去，是茶人的罪过，而不是道的错。当中美的法则，不待人的先后、不接受时间的左右。就算人能将"茶"舍弃，也不能将"茶"的法则舍弃。"茶"之道，就是美的法则。如果美以新的形式展现，新的"茶"将由此而孕生吧。形式上就算有新旧两种，美的法则也没有先后。"茶"不是美的其中一种，却是美的法则。越是修习美、参悟美的人，越不得不贯彻茶道。美的修习，与"茶"的修习并无不同，不能说不是同一件事。

日本人所具有的这类与众不同的美的素养，是多年茶道训练下的赏赐。然而悲哀的是美的眼力衰败的近日，茶道礼仪的使命显得越来越重要了。特别是有志于在这个世界里建构起美的王国的人们，不得不多思考茶祖的伟业。正确地去继承衣钵，与复兴茶道真正的一面，正是我们被赋予的使命。

启彰导读
美中的隐与显

在这个篇章里，首先要厘清两组名词的定义，一是"茶"，二是"型"与"形"。

"茶"对于两岸的中国人而言，是一般人在日常生活中将茶叶冲泡后饮用的茶汤。但书中的"茶"对日本而言，指的是金字塔顶端的一小撮人所专注的"茶道礼仪"与"茶器"，中日所论述的主体南辕北辙。

中国人所追求的一杯茶汤在口中的香、韵与融入身心的愉悦，在日本正式的抹茶道中是找不到的。为了中和抹茶的苦，茶会开始时会让宾客先行品尝超甜的和菓子。所以茶汤的滋味如何，从来都不是日本茶道礼仪中的重点。又，茶道礼仪在仪轨的进行中虽然也包含茶器的使用与赏析，但茶器的鉴别则另透过更高标准的直观来运作。柳宗悦说"无论'茶'在何处都有道的足迹"，可以进一步说最高境界的"茶"在茶道礼仪中已矗立在道的层级，而在茶器中的理想境域就等同于体现了"茶人之眼"。

茶道中的"型"与"形"是不同的，可以类比于"道"与"术"的不同。"型"是茶道礼仪在舍弃多余的部分，达到去芜存菁后淬炼出来的动作。这些动作被规范出来成为茶器使用方法的结晶与姿态，就称为"型"。而发展到极致就是型与道兼具了。至于"形"，则是茶道外显的形式，也可以说是术，是技巧的部分。然而技巧的熟悉并不等同于内涵的精深，反而容易流于夸大。"型"与"形"，前者内蕴与外在兼备而等同于道，后者则仅止于表象而类属于术。茶道礼仪因为有法则可以遵循，所以有利于传承。但是如果错将表演类属的"形"当成道行高深的"型"，就是一种罪过了。

近期在重庆的三峡博物馆参观了一场为期半年的埃及展，展品主要来自公元前3到5世纪的埃及古陶瓷器。其中一面墙上陈列了一大四小的陶瓮，除了大小，瓮的造型相仿且釉色与纹饰一致。我驻足在大瓮前，感受到大瓮源源不绝地传递而来的能量，仿佛能与大瓮愉悦地交流半个小时都不觉疲乏。比较大小瓮外显的形制，除了尺寸大小并无明显的歧异。再仔细观察时，发现大瓮线条更为饱满，犹如承载了满溢的生机，而小瓮则干瘪得缺乏力量。在此必须特别说明的部分是，并非依据外形的饱满度，用大脑去理解器物的内在能量。而是用心的觉知去感受器物从内里散发出的气韵，进而解读相应的外在曲线，也就是柳宗悦所谓的直观。"单从知的范围来看是看不见的，是无法完全地理解的。知的理解与直观有很大的出入。"柳宗悦说。

陶瓷器的美，70％在其骨架，30％在于釉色与肌理。70％的隐与30％的显，如同地球70％的水与30％的陆地，符合道家天人合一的规律。这70％的精彩度关乎着近于道的修为，与心相连，因为心是器物创作的依归；而30％属于术的精进，是努力必有所成的轨迹。如同我们审视一个人一般，内涵占一个人70％的价值；而30％的外显部分来自包括内在气质的外在表现，以及外在形象的包装，很像是"只有懒女人没有丑女人"的广告用语。无奈的是，大部分的观赏者，只着重外显的釉色与肌理，却看不见内在的沉淀。

于是乎大部分的陶瓷创作者致力于30％的外显技巧，因为这不但是最容易被市场接受的途径，也能串接向内深探的路径。毕竟由外而内的进程能先顾及肚皮的温饱，再依据个人的机缘向内探索。我们所熟知的青瓷、天目就是在最能吸睛的背景下成为众人竞逐的目标。多数人所追逐的是釉色的或多姿多彩，或质感温润，而忽略了30％的外显部分并不能代表整体的出彩。

那有没有例子是30％的外显部分因为极度的精彩，而强化了70％的内涵呢？有的，例如景德镇的青花瓷，常有所谓大师与一般工匠购入同样一只工厂批量生产的花瓶，因为画工的不同而价差一个零以上的例子。但是批量生产的模板底坯仍要慎选，不然会严重到将好的画工的价值进行腰斩。我也常看到过同一位陶艺家的偶然之作，因为窑烧的位置、氛围具足而让釉色有耳目一新的效果。虽出自同一双手的类似坯体，却带来唯一而令人惊艳的赞叹。

这70%的骨架，目前有三种组成方式。其一是机器模具量产，再以人工调整坯体，或在坯体上施以彩绘或釉药。其二是集体工坊形式的手工拉坯量产，工坊里有精细的分工体系，例如有人负责拉坯，有人负责上釉或彩绘，有人负责窑烧等。也有的工坊为培养多方位人才，会让个人交叉参与不同工序。其三则是作者个人工作室，不假他人之手完成创作。

好的工艺设计与执行在机器模具的量产与成本控制下，足以造福广大的消费族群，让器物有更多的机会进入家庭，而非束之高阁的典藏。这个机械时代的快速来到虽非柳宗悦在当时得以想象，却仍符合其普及大众的念想。但是进一步透视模具产品时，会感受到创作背后的气韵是源自冰冷的机器，而与手的温度有所不同。

集体式手工工坊的分工，符合柳宗悦的民艺的企求。虽出于工匠之手，但难免手高手低，仰赖的是观察者的眼力，井户茶碗等大名物不就是从民工的杂器里万中选一的实例吗？建议入门者可以从入手工作室的作品加以练习，因为其中一定有动人的创作，而作品的价格通常大幅低于知名作家的作品，适合逐渐培养与累积辨识能力。

至于个人的手工创作，则关系到作者人生不同阶段的状态。我以春、夏、秋、冬来形容作者自年轻到成熟的创作进程。春生、夏长是作者学习与奔放的时点，秋收、冬藏则是收割的阶段。如果说冬藏是暗喻作品进入搜藏的级别，能从秋收进入冬藏的作者却寥寥可数。年龄的增长通常只能精进作者的技巧，也就是30％的部分，然而70％的骨架却是每位作者的涵养，是一段不断内化的修行轨迹。

柳宗悦说："喜好物的人很多，能修心的却很少。这样是不可能参透茶道的，茶道是不疑的心道。"无法修心，内化则不足，又如何能谈冬藏。作者无法修心，则创作不出值得传世的作品；观赏者无法修心，则难以参透真正的美。柳宗悦的这一篇章，将论述收敛到最内里的层次。然而能通往心的最深处的，仍有浅白的一扇窗。"涩味"恰恰符合了这个标准。如果大家有机会在网上搜寻到"喜左卫门井户"茶碗，与乐家历代的茶碗作对比，就会惊讶于日本早期的茶人们，能共同给予这个毫不起眼的茶碗"天下第一"的封号。这个源自生活上味觉的形容词"涩味"，沁入了一般市井小民的骨子里，成为日本庶民美学与极致美学的共同依归。

柳宗悦强调的"无事之美"，是美的最高境界，落入生活则是一种平凡的幸福。常往来两岸的朋友们，有许多人对于台湾生活的高幸福指数感同身受，一般人收入虽然仅够平淡的生活却怡然自得。然而许多商业的本质无所不用其极地挑起消费者的购买欲望，食、衣、住、行、娱乐，在网络时代更希望所有人能24小时消费。平凡的幸福属于70％的隐的自然本质，而五光十色的追逐则属于30％的显的外求现象。哪一个是真正的幸福？

陆

高丽茶碗与大和茶碗

如果美存在于自我之中，
无我则能增多一个层次的美。
我们关心的器物中，
美是不会终结的。

一

人们都称之为茶碗。无论哪一个，人们都能感受到无上
的美。"井户"受到赞美，"乐"也受到赞美。但是我想问的
是，这样好吗？这两者都被称作名器，它们到底有什么特点？
然而我在此处并不想停留在这样的看法。如果有特点就是一种
安慰了，不是很悲哀吗？让所有的器物在美当中进化，并企求
那些有深度的、纯净的、安静的个性。如果有能符合以上特质
的器物或是茶碗，那就以双手紧握着并凝视着它，我是如此这
般地想。

二

两者对比，有着明显的差别。虽然说一样是茶碗，但出生
不同养护也不同。将高丽茶碗与大和茶碗放置于面前比较时，
我是这么想，笼统地对待差别好吗？大多数的茶人对这点不闻
不问，看来是觉得连问的必要都没有。对于这件事情的确认，

不正是守护茶道的理由吗？近日这个道的荒废，不就是因为有正见的人已经灭绝了吗？如此可贵的正见却引来奇异的回响。就算觉得奇异，该有所区别的东西还是要有所区别。我没兴趣去对任何东西进行排名，在此希望对器物的见解、制作方法、思考方法，都能得到深度真理。上述这些问题都是好问题。

三

　　茶碗分成三种。依照制作国的名称，可分成"唐物"（图❶）、"高丽物"与"和物"。然而唐物不止天目一种，还加上青瓷等，让我们先暂且放到一边。或者统称前两者为"舶来品"也可以。但是这个"舶来品"的茶碗几乎都来自高丽。所以高丽物与和物，这两者就代表了全部。为了比较这两者，在当中选取一个以"井户"、一个以"乐"为例是妥当的。高丽物以"井户"（图❷）为第一，和物谁都会首推"乐"。

　　哪里不同呢？单单是制作国的不同自不在话下。风格相异是必然的，但更大的不同是本质上的相异。比较地理与外观的差别只是很小的一部分。如果这样也能产生差异，则对美而言变化是必然的。然而不只有形制之分，也具有轻重的差别。所以两种茶碗不能同等看待。

❶ 唐物　耳付茶入

四

然而仅仅对比是不够的，甚至可以认为是反例。极致会带
来极至，如果做到完善，即使是不同的两项，或许会同时回归
为一体也说不定。但是这样的理念在现实的展品中是否能被展
现出来呢？悲哀的是，离终极的位置仍然很遥远。观赏者如果
能看得到这一点，就不会看走眼。我姑且称之为直接品物。每
一品项都有不同的性质，分别是如何呈现的，都好好地认真品
味吧。我认为这是在品味一件有价值的事。特别是因为这条通
向美的道路的脉络已很明晰，并成了重要的方法。如果能反过
来看，如果能自内里而非外观来观察，就不得不修正许多的暧
昧观点吧！

五

谁都知道这整件事。高丽茶碗本来并不是茶碗（“高丽”

在此并不是时代的称谓，而是国名，与朝鲜等同。这和将中国以"唐"来称呼并没有不一样。又，这里所说的茶碗是指抹茶的茶碗。茶碗其实有很多种，汁茶碗、饭茶碗、热茶茶碗等）。茶人所称的高丽茶碗，事实上不是为了抹茶而制作的，而是非常粗鄙的饭茶碗，只不过茶人从中选出并应用于抹茶。所以这样的茶碗都有着两段相异的生涯。前半生是饭茶碗，后半生是抹茶碗，这段历史千万别忘记。

今日在紫色的垫褥与金色的锦缎温暖地包裹下，被几层的箱子所收纳的高丽茶碗，本来是贫穷的庶民日常所用的粗鄙食器。然而能感到它无上的美的正是早期的茶人们。杂器在此摇身一变成为千金之物。从此所有的不可思议开始发生，不可能发生的也在白昼发生。

制作饭茶碗的是朝鲜无名的工人，然而创作并将其改变为抹茶碗的是有名的茶人。我们对于后者不一般的见识可给予赞赏。如果他们不存在，器物将滞留于原来平凡的饭茶碗。但是同时可别忘了这个真理，如果原本不是饭茶碗，也绝无可能成为抹茶碗。因此这是最不可思议的真理。读者啊，请记住那从平凡的食器成为茶器的光辉历史吧，不，因为曾经是平凡的杂器所以能光辉灿烂。如果连这个都错过，则美也会错过。

六

来看一下"乐"（图❸、图❹、图❺）吧。选择像是仁清[1]（图❻）、乾山[2]，或其他和物为例也可以。这些也是茶碗，它们并非重生。它们缺少两段生涯，从开始就是茶碗了，是为了茶道礼仪以茶碗为目的而制作的。又怎么会成为平凡的饭茶碗呢？这些从开始就追求非凡的茶碗，是由美术品诞生的。和物与"高丽"（图❼）在制造上的不同不是如此显而易见吗？虽然同时被称为茶碗，但是双方的性情也不近似，只有容纳茶汤的造型是相似的。这样相异的器物，以同一句话来赞美，不是显得过于粗率吗？对于美所出现的分歧是必然的，但有必要进行更明确的批判。

七

"乐"的观察者与作者是同一个人。也可以这么说，把眼所见的美转化为手作之物，这个结果称之为和物。这与创作之后因被看到而转变为茶碗是不同的。"高丽"正是后者，而非

1　仁清：野野村仁清，江户初期的京烧巨匠。仁清的华美与优雅的风格，贴近当时的社会氛围。其卓越的拉坯技术与清新潇洒的设计，一度受到极高的评价。

2　乾山：尾形乾山，江户中期的陶工，京都人。受到仁清的影响在京都建窑。在陶器上绘上悠闲清雅的画作，有时题上颂赞的诗歌。乾山风以独特的彩绘风格受到瞩目。

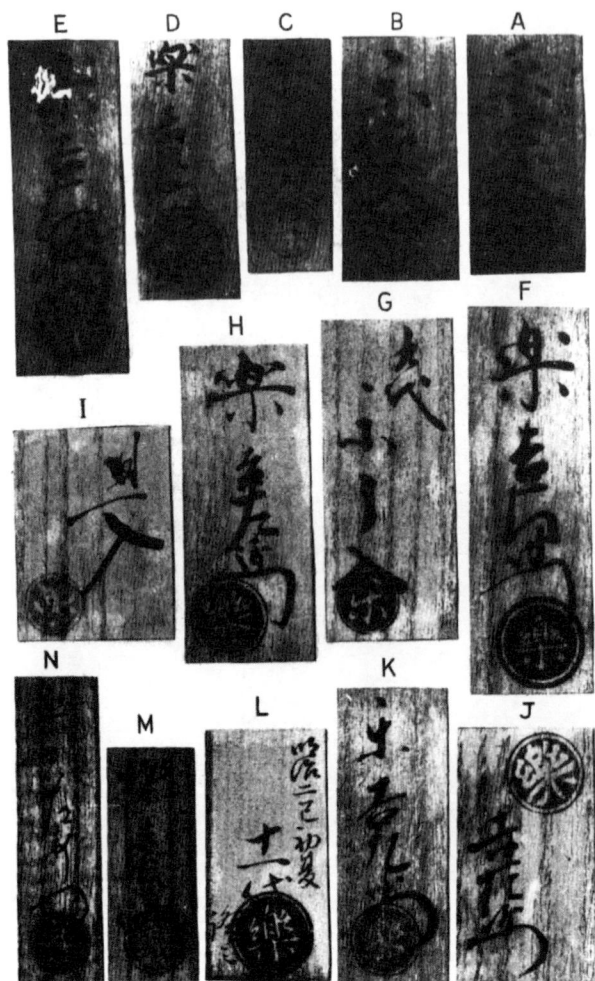

❸ 乐家历代箱书署名

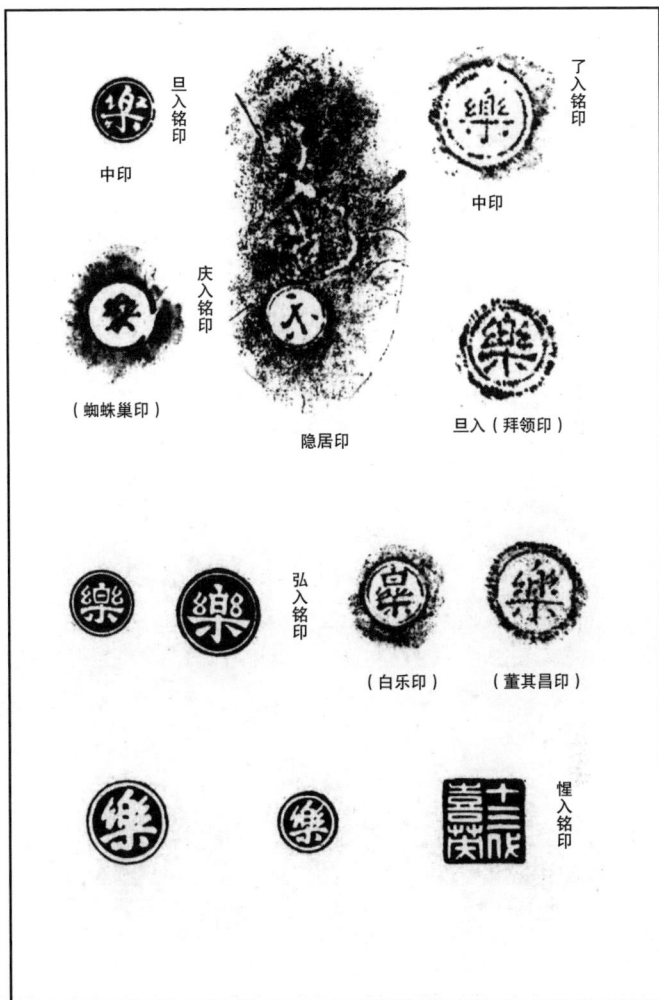

旦入铭印
中印

了入铭印
中印

庆入铭印
（蜘蛛巢印）

隐居印

旦入（拜领印）

弘入铭印
（白乐印）
（董其昌印）

惺入铭印

❹ 乐家历代铭

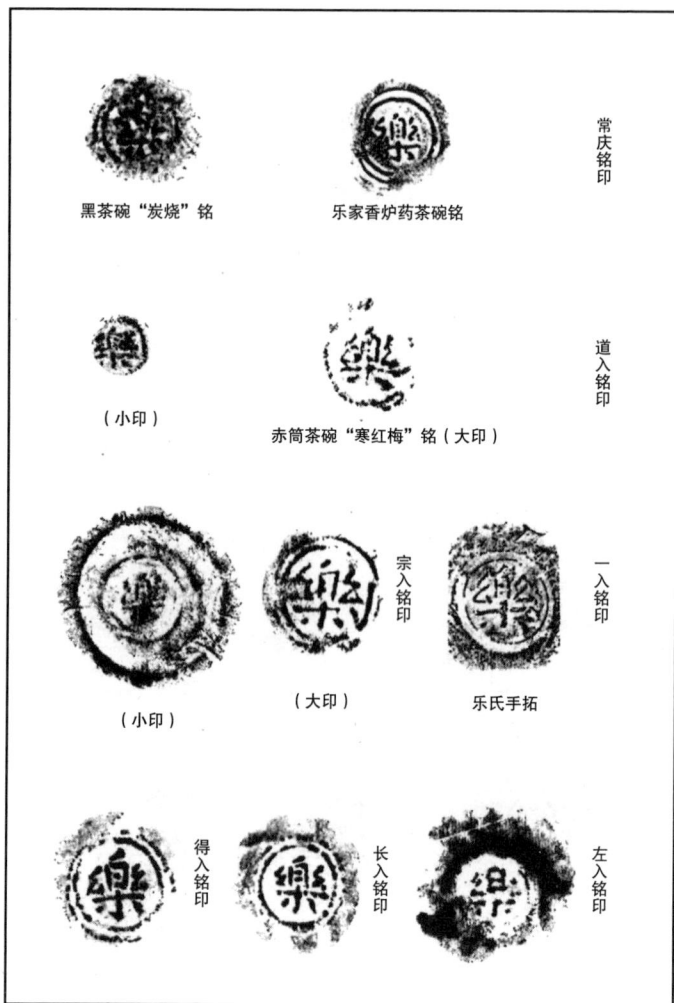

黑茶碗"炭烧"铭　　　乐家香炉药茶碗铭　　　常庆铭印

（小印）　　　　赤简茶碗"寒红梅"铭（大印）　　　道入铭印

（小印）　　　（大印）　　　乐氏手拓　　　宗入铭印　　一入铭印

得入铭印　　　长入铭印　　　左入铭印

❺ 乐家历代铭

❻ 仁清作　牡丹纹样
水指

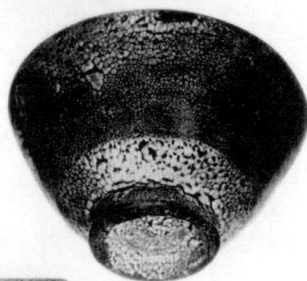

❼ 高丽茶碗　铭　浅野井户

前者。前者是鉴赏呼唤了制作，后者则是作品召唤来鉴赏。最初因趣味而生的，与本来为实用而作的器物，这两者的区别是无法消融的。一个是无论在何处都是雅器，一个则是无论在何处都是杂器。

　　然而读者从廉价的名称上是绝对无法去链接它美的价值的。趣味丰富的雅器——这样的自我形容是美的。所有优雅内容由此展开联想。却不得不小心，在趣味下所完成的器物为什么立即制约了美。而在实用里终其一生的杂器——如果能这么说的话，有来自艺术的深远影响。谁又有资格能断定，实用是否违背了美。究竟是哪一个与美有着深厚的结缘呢？优秀的茶人这么说，"茶碗是属高丽"，意思是高丽是第一的。没错，我也是这么表述的，于是越来越靠近这个悖论了。

八

　　有意识的作品、无意识的作品，可以用这种说法对照来看。如果觉得无意识的说法过于深奥，也可以换一种方式形容，例如理解的作品、本能的作品。试着回顾一下"乐"吧，作者也好，委托者也好，所思考的美是什么呢？会透过形与色来精心策划。总之程度如何，对美的理解与意识下的作品便会如何。他们把美的茶碗当作模仿对象，悉心钻研创作的手法，精心策划美的作为，一旦完成便带来纷扰。这是倾一国之力才能完成的事。而他们是茶人，已经与平凡的人不同。是在茶境来去自如的风流人物。就算制作者是个职人，请制作者动手的始终是具有美的意识的茶人。

回归到"井户"吧。状况不同了。完全不识字的匠人们浮现眼前，对于"茶"连接触的闲暇都没有。不，他们生活的地方是没有"茶"的，并不具备美的知识，若随口一问他们一定会不知所措吧。然而他们会制作，在不具备充分意识的本能下制作。他们所作的是未具有充分意识的本能之作。所以与其说是制作出来的，不如说是孕生的作品。请匠人动手实际上不是他们赢得了力量，而是将他们潜藏的能量导引出来。与其说是自己做出来的，不如说是有所依托之后的产出。做出来的是杂器，而非自傲与有价值的作品。谁都能平静地做出类似的东西，完成的产品也并非一个个成为受到鉴赏的目标。手作时很粗放与迅速地完成，然后很随意地贩卖且满不在乎地使用，这样便完事了。从一开始就只是这样的东西。无论如何与"乐"的性质是不同的。与完成的作品相比，谁的胜算大呢？茶碗就只有高丽。这是总结了。

九

更深入地探寻那不可思议的由来吧，反正都会遇到禅里的问答。为什么进化的聪慧下产生的"乐"，无法胜过本能的作品呢？为什么成为作家的人，面对职人时会觉得自卑呢？不论是哪一个"乐"都无法与"井户"充分地竞争。我们所学到的是反复地赞许无知者的信心，而嘲笑那些停滞在知识里的人的痴愚。知并不是坏事，但是在知里终了则是自取灭亡。可作为教诲的例子在"乐"里是不可能没看到的，有意识的作品到头来是不可靠的。就算有美的佳作，在他处却能容易地作出更深刻的作品来，在"井户"中不是看见了这样好的实例吗？

　　人们对于意识的狭隘最好要多多思考。这不正是将意识扩大的好机会吗？为了能够认识这些细微处，最好对本能的作品更加产生敬畏。它才是这个世上值得尊敬的对手。"乐"对于"井户"的敬畏显然还不足够。

＋

　　知，归属于个人，本能则归属于自然。知是现在的力量，本能则是历史的力量。本能是在无意识之下认识诸多事物，本能不正是超越智慧的智慧吗？"井户"是隐藏着的惊人的自然智慧所完成的。别笑匠人们只字不识，自然的睿智是站在他们那一边的。他们在无意识之下做出的美，有什么好不可思议的呢？般若偈文说"般若无知，无事不知；般若无见，无事不见"。"井户"中存在着般若的无知，就算不知道美也能掌握美。《信心铭》中说"多言多虑，转不相应"。难道看不到那能言善道的"乐"与美不相应的巨大落差吗？认识美却无力系住美，在"乐"中只剩下困惑。我是这么想的。茶碗在"乐"的表述下情何以堪，因为"乐"还残留着业力，无论再如何掩饰都容易被看透。对于造作难道不容易心生厌倦吗？茶碗在"乐"中像是停滞了，让茶人都觉得担心，因为该看的却没看。但从另一面观察，在"井户"里看得到这样的业力吗？将"大名物"的位置赠予它们，有什么不合理的呢？

十一

总之，在作品中感受到了轻浮。就算只是追求赏玩的趣味也不可取。制作作品并不是简单的事情，必须具备过程与修炼。"乐"的疏忽是因为他们的工作状态还未踏出素人的领域。这不就是外行人才做的事吗？所以在烧结之前他们能帮上的忙很少，最多是在烧窑时轻松地完成乐烧相关的一些杂事。说乐烧是适合作为茶碗的，不过是之后的借口罢了。其原就具有那柔和中的温暖，啜饮时独一无二的心境，和难以言喻手感的喜悦。只是就算"乐"有这些功劳，也不能说已达到了美的极限。就算外形、质地、釉药都到位了，能称得上是已经取得了正宗的地位吗？这样的技巧最终不过是成为优雅的消遣吧？不就是成了一份像是工作的工作吗？从陶瓷之路的上方俯瞰，能得到那终极法则的认同吗？

然而"井户"光是以慰藉的心态是无法完成的。素人是做不出来的，需要的是像工人般的苦行。需要单调而没有尽头的反复，需要力气，需要汗水。这是长次郎（图❽、图❾）、道

❽ 乐初代　长次郎作　赤乐茶碗　铭　早船
是被誉为"长次郎七种茶碗"里的三只黑乐、四只赤乐
中唯一留存至今的赤乐茶碗

❾ 乐初代　长次郎作　茶碗　铭　无一物

入[1]、光悦一无所知的世界，不去碰触的世界，做不到的世界。"井户"是生活中踏实的作品，是只有职人才能完成的工作。不论何处如果有类似素人技巧的乐烧，在品项上无法企及"井户"是必然的。以盛赞"乐"的说法来盛赞"井户"，对"井户"来说是委屈的。看似对双方公平的见解是比什么都不公平的。所有的品项都有它的段位，到底是哪个靠近神的宝座呢？暧昧地处理此事是不对的。

十二

无论是多么知名的大名物茶碗，将底部翻过来看都必然是无铭的。"井户筒""喜左卫门""九重""小盐""须弥"，这般来自茶人的随意命名，是与作者无缘的。高丽茶碗无论有着如何的盛名，皆是无铭的。不知道是在哪里的谁做的，不知道的还有那成堆的杂器、粗糙的饭茶碗。将之忽略是不对的，但只要是无铭就是佳作这类的赞赏也没有意义。早期的茶人们不是毫不犹豫地将它们当作茶碗来使用吗？缺角的、歪斜的、沾粘的、瑕疵的物件，这些不都是难能可贵的吗？这样的美是从哪里涌现的？无铭的确是最丰富的泉源之一。并不是说这世间所有的无铭品都是好的。然而我们需要熟知所有的大名物都是无铭的，无铭与美的器物有着如此深厚的血缘关系。

1　道入：乐家的第三代传人。

然而所有的"乐"都是有铭的。靠着丰臣秀吉所赐的金印让物品具有权威。如果没有印，茶人们就代为嚷着这是某某做的，道入作、光悦作、道八作、谁谁作，像是不叫出知名作者的名讳来就有点不甘心，而且全部的焦点就集中在落款上。评论者也依据各自的个性颂赞着这样的美。然而这般的见解是合适的吗？在工艺中个性能对价值保障到什么程度？将美托付予个性是好的吗？个性之美是终极之美吗？提出这些问题当然是好的。为什么在超越个性的作品中不去追求美呢？人的修行不就是自我的超越吗？如果美存在于自我之中，无我则能增多一个层次的美。我们关心的器物中，美是不会终结的。在此"乐"是自我受限，逊色是当然的。无铭的作品比有铭的作品更容易与美深度交融。在"井户"中难以找到丑陋的器物，然而"乐"中怪里怪气的东西却不知有多少。

十三

那是一段俭素的成长经历，几乎没什么价值。使用的场所是污秽的厨房，使用者是贫穷的人。然而虽说是量多、价廉、粗糙的，但是不能漏看了器物的美。朴素的器物大多是谦卑的，不就因为谦让所以有令人尊崇的德吗？以人作为比喻也是如此吧。就算是身为贫贱的器物，如果具备富足的德，也会绽放出美的光芒。德如果不具足，美也无法成立。简朴的"井户"被无限的美所包覆，不是必然的吗？

然而"乐"则不同。在装饰的姿态中带着高价，流转于王侯与富豪之间。是贫困者无法入手的，因为不是饭茶碗。"乐"并非"井户"，也不可能是"井户"。

虽不能说富贵的器物必然缺德，但奢靡的器物容易被蚕食乃是顺应法则之事。圣者教导我们富贵难以进入天国，是正确无误的。"乐"与美开花结果的困难在于它的成长环境。虽然无法断言在这之中难以孕生出好的器物，然而依赖侥幸的话对于"乐"又能有什么期待？确实没有期盼，因为"乐"中有太多的病征。

十四

被"井户"惊艳的茶人们想要自己创造出茶碗来，他们了解"井户"的美，对哪里是美亦甚有心得，也很懂得茶碗的哪里是美的，并且一个个加以命名。更进一步的是不论是歪斜或者瑕疵，都感到是独一无二的景致。茶碗的美姿在眼前摇曳。他们在想，大家不也想作出这么美的器物吗？细致的见解、强力的爱抚、燃烧的热情都朝着"乐"挺进。到此为止还好。然而对接下来即将发生的一出悲剧已经有了预感。

浑然天成的"井户"的美，如今想靠创作来完成。原本并非凭借参照着精彩处而完成的茶碗，如今却想要组合所有这些精彩处。高台的细工、碗内底部的准备，但远远不只如此。还试着挤出变形、抠出瑕疵、置入竹刀眼、挂上垂釉，尽管如此仍然感到不足。甚至不惜刻意毁坏后修缮，或以金缮处理等。疯狂至此，却对这样的费尽心思感到高兴。在此把看与做两者混淆不清，认为这是做得到的。不，是认为正因为这些能够被做出来所以是真正的茶碗。把对于任何精彩处都不了解而完成的"井户"与之等同，怎么会这么说呢？浑然天成的器物与做出来的器物是不同的，自然所守护的器物与人们细工的创作是不同的。"井户"的亮点绝不会成为"乐"的亮点。如果刻意做出亮点来，原来的亮点就一个个都消失了。读者啊，这些依茶人的喜爱所刻意凹凸的形状，有着涩味与安静吗？有可能吗？事实上没有比"乐"更花哨的茶碗。做作的涩味难道不是对茶碗的亵渎吗？不是很丑吗？"乐"是日本茶碗中所有与丑陋纠缠不清的开端，在"井户"面前有什么脸面呢？

十五

所以好的和物，只出现在作为甚少的窑口。就算从"茶"出发却不会被局限于"茶"，是忘却了造作后出现的茶碗。如果与"乐"相较，会发现无论如何那"伯庵"[1]（图❿）时期的作品才是正宗。因为与"井户"近似。换成是濑户或志野（图⓫），好

1　伯庵：从桃山（1568—1603）末期到江户（1603—1867）初期之间所制作出来的陶瓷器。

❿ 伯庵茶碗

⓫ 志野茶碗　铭　山之端
柳宗悦表示志野茶碗的做作痕迹过于明显

的茶碗甚少，因为作为的痕迹太过明显。部分唐津[1]也不错，以
没有涡旋纹路与歪斜变形的为上。因为呈现的是本来的面目，
是朴素的，而且悉数是无铭的。如果有铭的话，几乎都不值得
信赖。人们说仁清之流的作品显得很喧闹，但是他不过是二三
流的陶工。他的世界与侘寂是无缘的，他的茶碗有许多是被
一般的妇幼所玩赏的，作品都是不足挂齿的。乾山也是，他的
陶艺技巧像是素人一般。他的绘画以乾山的身份是相当有分量
的，但他的茶碗在"井户"前如同儿戏。

　　恐怕今后如果还有好的和物，就只能在不是为了茶碗而
作的茶碗中去发现了吧。在乌冬面碗、荞麦面碗等便宜货当
中必定能淘到宝吧。因为这些器物是与"井户"的诞生踏上
了近似的道路。

　　如果仍有优秀的作家出现，不是早就超越"乐"与"仁
清"的程度了吗？彻底了解作为所生的罪，从这样的智慧出发
吧。无论以何处为目的地都必须朝着活用自然的道路前行。创
作的要旨是要展现比自然更自然的作品，也可以说是一件酝酿
自然的工作。为此与作为所生的罪奋力搏斗，以回归美的正
道。他们见到了朝鲜的器物水平后，不得不再一次尝试茶碗的
制作。然后超越花哨的组合，回归到安静的、平易的、圆满的
作品。

1　唐津：唐津烧，从前"肥前国"（现在的佐贺县、长崎县，靠近日本列
岛的最左端）烧制的陶器，一般从佐贺县唐津市的港口运往全国各地，因
而被称为"唐津烧"。

　　大和茶碗的历史应从此后开始，与高丽茶碗衍化至此的历史相应。我不认为"乐"是像历史的历史，把"乐"在日本受到赞颂一事抛开是好事。茶碗不应滞留在"乐"这类的状态下，这是一件关系未来的大事。

柒

茶器

「井户」的美是
寻常的美、无事的美。
具有无法超越的美是
因为蕴含着这样的理由。

一

　　喜欢"茶"的人有很多，又钻研"茶"的人也很多，但是
他们对茶器的见解依然鲁钝。为什么人们鉴赏的眼力今日如此
衰弱呢？可以这样说，知道的人并不是看到的人，而且具有很
深的偏见。具备认知力，但鉴赏力无法伴随，还能称得上是学
识渊博吗？在认知之前没亲自看到的话，就算知道了又能够看
到什么呢？文献的考证与诠释的整理，即便再多，但如果欠缺
一个要素，就等同于失去所有，这个要素无法用知识掌握。不
论再怎么了解茶事的人，单凭这点是无法靠近美的。从"知"
无法孕生"见"，见到了才会有所谓的知道。

　　这与相信是等同的情况。知道后才愿意相信的人，与因
为知道才肯相信的人，是都会被相信所抛弃的。这个深意在
"茶"的学问里，在"茶"的嗜好里始终被忘记，真是不可
思议啊！首先，不可不去见，然后不得不看清。唯此才能知
得更深。

二

前些日子阅读了一位学者关于茶器的书籍，感触很深。他的学识上的确有可以学习的部分。然而令人困扰的是，即便是极为不值一提的茶器，还得让我去读相关的说明，结果只是一些为了客套而相互馈赠的礼品。作者到底看见了些什么，又想看到什么？对于良莠的取舍，知的力量始终薄弱。

一旦掌握一些新的文献，作者就会急着动笔。然而为什么还得仰赖这类资讯呢？文献是间接的，为什么自己不直接接触器物去看清楚呢？这是最确切的，只要把文献当作附件即可，这样会使知识具有权威性。

对于刊载插画的一切应该要进行忏悔，在此鉴赏力的高下是无法隐藏的。在正文中就算堆叠了千言万语，如果插画入不了眼，所对应内容的文字就会失去意义。这样的刊物在这个世上为什么这么多？我感觉到无比地倦怠。真的想要找的东西，竟完全不露面。到底哪里有呢？作者回答不出是怎么回事，其实是因为无法回答。这也是没去看的证据。

三

前些日子我接受了友人的邀请去参观仁清与乾山（图❶）的展览。友人是一位认真的学者。当时我也正想去看这个展，但并不是为了想去见识仁清与乾山有多么出类拔萃。那些东西打从一

❶ 尾形乾山作　梅花图茶碗（左）

桔梗图茶碗（右）

开始在我眼中就不被待见，只是为了想再去看看现在那些有名的作品，是多么的不美。这种别有居心让病情刚恢复的我，打消出门的念头。然而为什么茶界非得在这样的作品上徘徊留恋呢？

我在回复邀请函的感谢信上写"近期，打算在民艺馆中举办非茶器的茶器，与非名器的名器展览"。似乎不这样写就无法打破惯例吧。但我并非傲慢，也不是特立独行。那些杰出的"井户"茶器或"肩冲"[1]（图❷）的茶叶罐，以前都不是茶器，也并非为了茶器的用途而制作的。而让非名器成为名器的，是早期的茶人们。为什么我们无法同样地成就如此有活力

1　肩冲：肩冲是一种在"肩部"水平外张的茶叶罐。最早的肩冲是中国传到日本的，原来在中国的用途已经不可考，有人说是香辛料的调味罐或化妆品类的油罐，被日本早期的茶人拿来作为茶叶罐使用。

❷肩冲是一种在"肩部"水平外张的茶叶罐

的创作呢？如果具备这般的能力，就应该不会跪拜在仁清之流前，这么一来能将更好的器物从隐匿的角落引出来。

四

茶人们或者学者们，为什么不能让眼更明亮呢？为什么不能进一步成为"具备鉴赏力的作家"呢？因为无力挣脱惯性的束缚，以致陷入泥沼。最制约人们的就属铭了。在今天似乎大家认为在铭中有"茶"，对铭有着无比的信任。然而就因为这个铭，让他们的眼光变得何等晦涩。最不可思议的是他们常常看到铭而看不到器物。起码可以说他们是在铭里看到器物；没有铭就看不到器物。至此已经病入膏肓。如果能有凝视器物的能力，铭不论

183

有无都无所谓。看的时候，就算没有铭也没有一丁点的阻碍。或许铭只是让人戴上了有色眼镜。借由铭来看器物的人会看走眼，也是这个原因。为何不以赤裸的双手触摸着器物，并融入器物的世界里？早期的茶人们不都是这样做的吗？他们以前是借由铭才看到器物的吗？大名物中哪里有铭呢？

盘珪禅师[1]是德川时代独一无二的禅僧。既不借用"不生"这一句接引万机的经典祖录，也不依赖公案的教诲。曾有僧人以此向老师提问。说圜悟、大慧等禅者，为了后学，会以参话头[2]的方式进行训示，为何老师不使用这样的方法呢？老师这样回答："圜悟、大慧与之前的宗师，都教导大家话头了吗？"于今在铭尚未出现前"茶"的教诲，是无论如何都显得必要的。

五

有一本茶器的书是这样主张的。从高丽的"井户"（图❸、图❹）进化到大和的"黑茶碗"，茶器实现了一个飞跃的进程。我们似乎在"黑乐"中找到了茶碗的极致。前者的茶器没有铭，而后者有铭，从自然孕生的器物到以心御物的进化，从无意识到

1　盘珪禅师（1622—1693）：江户前期的临济宗僧人。

2　参话头：又称话头禅，禅宗术语，以一种被称为参话头的方式来进行禅修。这种禅修方式最早始于南宋大慧宗杲禅师，由公案禅发展而成，盛行于临济宗之中。与曹洞宗的默照禅法并称。

❸ 高丽茶碗　大名物　有乐井户

意识的推移，从外来物升华到大和物。由于见证了这段历史的进

程，所以想认定"黑乐"当之无愧的价值。稍微思考一下，的确

是脉络清晰的说明。然而书的作者是以器物的历史观点来叙述的

吗？那是用眼来见证历史吗？并不是。这不过是在知识的范围里

作出符合历史条理的整理罢了。事实上茶碗的堕落可从"乐"看

❹ 高丽茶碗　铭　雨漏

碗壁如同泥土墙壁受雨水侵蚀后产生的大块水渍斑点，称为
"雨漏"，是茶碗中赏器的特色之一

得到。这个部分眼睛也看得到。

　　茶人从否认完美的深奥处发现美，因此赞叹着那未完成
作品的自由。毋庸置疑的这是早期茶人们的创见。然而一旦学
习此事，便使后代的茶人们将不完美当作美的条件来思考，然
后刻意制作出不完美的器物。这是谁都可以理解的心理历程。
大家喜欢手作的抹茶碗，造型上刻意地扭曲、歪斜，再加上坑坑洼洼与瑕疵感。他们认为这样可保存各种风雅逸趣。"乐"所呈现的正是如此。诚如这三百年来茶器的鉴赏，始终都是如此。就算是光悦也超不出这个范围的限制。

然而止歇于意识的器物，能触及无上的美吗？千年以前的禅僧们对这个问题不是早已说明完整了吗？临济禅僧说"谨慎地不要造作"。"造作"的"乐"有什么深度的美感可言呢？只是越看越厌烦。这种扭曲令人烦躁。哪有清寂？哪有涩味？曾有茶人这么说，"茶碗是属高丽"，指的是茶碗只有朝鲜的才看。我对于这位鉴赏家的正确眼光无法质疑。抹茶碗从大和的黑茶碗才开始紊乱了起来，有铭的器物至今仍无法胜过无铭的器物。"井户"依然是茶碗的王者。对"井户"褒奖，对"乐"也褒奖，是看不见"井户"也看不见"乐"的证据。

六

但是，为什么"井户"才是器物的本尊呢？因为是正统的陶瓷器，这样回答也可以。因此"井户"能成为正统的茶碗。说黑茶碗只不过是旁枝，说是刻意追求变异的品项也不为过，但毕竟不脱离消遣的范围。"井户"与从趣味中产生的东西是不同的，是纯粹的实用器物。这样的区别为什么茶人们都忘记了？

所谓的正统指的是什么？是寻常不过的器物，或者率真正直的心，或说是顺遂的心，会来得更贴切吧。稍微思考一下，或许会反问，这样平凡的性质能造就什么？然而实际上比平凡更高的境界，是可能达到的吗？禅僧经常说明"平常心"的深层意涵，这是教化的最高境界。"井户"的美是寻常的美、无事的美。具有无法超越的美是因为蕴含着这样的理由。做作的"乐"所追求的是例外与非凡，用这样的茶器能喝茶吗？满心欢喜地使用着这样茶碗的后代茶人们，让"茶"耽溺于无法拯救的困境。"井户"的好具备了平凡的饭茶碗的资格。在这样的资格前，"乐"不会觉得无地自容吗？在喜悦地使用"乐"时，"茶禅一味"等的意义也说不上了。做作而变异的"乐"离禅意遥不可及，就算加诸一棒一喝，也没有答案。"乐"的孱弱是归咎于并非正统的陶瓷器。远离了无事之美，还会有什么茶器？从利休开始，"茶"便开始堕落。远州[1]之流不知犯了多少过错。这一时期中，有哪一件有铭的茶器能超越得了"井户"的美呢？

七

然而，我们的周遭并非没有各种器物，只是没受到青睐。正统的陶瓷器相当多。只是说没有人能自由地从中挑出名器。舍弃自己对铭的执着，在自然灵感的外力加持下完成的作品，让我们的眼忙碌起来。如果有眼力的人出现了，挑出能与"井

---

1 远州流：始于小堀政一，为日本武家茶道的代表。其茶道在茶界被誉为"美丽的闲寂"。柳宗悦从另一个角度批判远州的美属于低级趣味（取材自柳宗悦的《民艺四十年》）。

户"并驾齐驱的器物，应该不会感到那么困难吧。事实上有太多的器物，等待被发掘。

饭碗、汤碗、茶杯、荞麦面碗、面碗等，这样平常使用的器物是不当忽略的。鱼酱壶、浆糊壶、调味菜罐子等无名且便宜的器物也不该轻忽；对于盐壶、种子壶、砂糖壶等，也不能因看似粗糙而鄙视。因为茶碗、茶叶罐、水瓶这些未来的名器，不知正藏在哪里。无铭的日常器物的领域，就是茶器的宝库，对这些东西可抱持极大的期待。早期的茶人们不是自由地从无名的杂器中拣选出名器的吗？不就是不假思索地让非茶器成为茶器的吗？这对我们暗示了什么呢？因为这些无名且显而易见的杂器，或许有机会成为未来的名器。能看清此事的人，正是不折不扣的创作家。茶人本来就是指这样的作家，不是吗？

八

茶器的堕落是从铭问世时开始。为什么会发生这样的事呢？这也告诉我们意识的道路是何等的苦行。多数人卧倒在造作的业力中。由于立足于微薄的能力，能坚持到最后的人是稀有的。依靠己力的人，往往输给自己。有铭器物的命运是坎坷的，渺小的自我会妨碍拯救之路。总之无铭的器物以及它遭遇的苦难，实际上与有铭的器物有关。

长次郎（图❺）之后的这三百多年，有许多名"乐"的传人前后在历史登场，不幸的是几乎一切都败于蓄意的做作。没

❺ 乐初代　长次郎作
赤乐茶碗　铭　梅枝

有一位能挣脱做作的束缚，并臻至无事的境界。回顾历史，有铭的历史就是罪的历史，这事实无法遮掩或隐匿。

人们有一天要克服意识纠结的苦行，必须驻于意识且超越意识。如果贯彻得宜，便得以开拓一条崭新的笔直大道。有铭的器物并不是不能成为极品，"井户"是仰赖外力成就的例子，有着救赎的承诺也是必然。然而若全凭自力，就能达到见性的禅境吧。必须有人在美的世界树立自力之道。为什么这会是不可能的事？

九

意识必须是先自觉意识带有的罪责，有这样的自觉不会让作家停滞于"乐"的阶段。这样的睿智更聪明。这般睿智是在否定做作一次之后开始的，那么呈现的就不会是单纯的做作。个人的茶器则不得不从这里开始。

道是苦行，不得不以自身的力量推进。只是磨研极致，就可能是别有洞天，禅僧以己身揭示了这个秘义。立基于个性的所有作家，是美的国度的禅僧，不说也知道道路是险峻的。然而有些人必定能超越。自身的力量与外力，是二也是一。道看似相异，展现出的却是一如的世界。茶器中必然会出现非"井户"的"井户"。

所幸今日在意识的道路上出现了奋起的人，恐怕将在茶器上追加一章历史的新页。今天我在滨田庄司的作品前，倾诉着这等喜悦。这是对"乐"的大声抗议，是对长时间以来茶器所犯的谬误的修正。这是透过自身的力量，让茶器升华到正统姿态的努力。有几件滨田的美的作品，是以茶器为题的创作，说这段真茶器的历史是从滨田开始也可以。人们虽在历史上对几位名匠赞誉不已，但我们最好不要停滞在这等名声。滨田的创作已经出人头地，我们从他的作品，终于能不再迟疑地谈论着大和茶器。茶人们却尚未对他的作品充分肯定，而历史家们也还未对他的位置有明确的认定。因为太过于被原有的见解所囚禁，而且将茶器局限于形式。然而"茶"不得不再跨进一步，所对应的茶器也不得不进化。滨田是想朝这个方向来响应，而且已经经由多件作品给出了答案。如果从一般观点对此事反省，或许得再等半个世纪。真理很明白地展现，大部分的人将能坦率地接受这件事实吧。但愿滨田之后，能出现持续让这个新的茶器历史进程更高更深的作家们。对茶器的历史而言，现在将是最耐人寻味的时代之一。

如果观赏者、作者与使用者能合力，让"茶"回归到它的正确性，就会比利休、远州的时代更展现它的光辉。对此我从未存疑。

启彰导读
民艺之魂

　　《高丽茶碗与大和茶碗》及《茶器》两个篇章，是从不同角度对于茶器审美的论述，我将导读合并为一篇。

　　柳宗悦在日本之所以备受敬仰，是因为他提出了一个审视美的新架构。当时的主流的审美皆指向精美的艺术品与珍稀品，但一则一般市井小民遥不可及，连亲近的机会都没有；二则柳宗悦提出"用之美"，认为真美就隐身于种种日用品里。这些廉价的日用品被称为"下手物"，往往是许多上流社会的人不屑一顾的杂货。柳宗悦想告诉世人的，是这些健康的、不做作的、自然的，陪伴人们度过充实生活的日常器物，才符合美应该具备的标准，美于是必须被重新规范。柳宗悦赋予了"下手物"一个崭新的词语"民艺"，并在依此为搜藏的标准下设立日本民艺馆。

　　柳宗悦在《日本民艺美术馆设立意趣书》中指出，"在民艺之美中所富含的自然之美，最能映射民众生活的朝气，而工艺之美是亲近润泽的美。在充满虚伪、流于病态、缺乏情爱的今天，难道不应该感激这些能够抚慰人类心灵的正统的美吗？"柳宗悦力排众议，大旗一挥引领了社会一股清流，并以实际行动将民艺馆打造成为一个启迪美的思想的宝库，以此被尊为"民艺之父"。

民艺馆中所有的民艺藏品，与台北故宫博物院尤其是乾隆皇帝所搜罗的精品相较，是完全不同的概念。乾隆的搜藏以珍稀及奢华为大宗，柳宗悦的民艺品则大多朴实而气宇不凡。曾经长年流连于台北故宫博物院的我，无疑在身心上都受到无比的震撼。这样的美，贴近生活、没有矫饰，每一处的巧思都是为了生活便利的设计。曲线与功能都经得起时间的考验，所以多余的装饰只是成为妨害。

民艺馆数万件藏品中，还包含了台湾不少的民艺品。1943年柳宗悦率团浩浩荡荡渡海来台，从北到南展开为期一个月左右的民艺深探之旅。柳宗悦等踏遍台湾大街小巷，山区村落，其中对于关庙的竹艺，莺歌的陶瓷，泰雅人的织物，板桥林家花园的建筑等，留下深刻的印象与文字记录。返日前把旅途搜罗的90多件台湾民艺品，在台北公会堂进行展览。此行也让台湾上下重新认识到，原来能追溯到千年前的早期住民的民俗艺品，与存在于生活周遭的文化传承产物，能得到时任日本民艺馆馆长的鼎力推崇。柳宗悦离台不久后，后续的旋风效应促成了各地一连串台湾造型运动与工艺教育的推广，对台湾工艺的发展影响至今。

接下来我要谈谈原文的两个篇章，都以井户茶碗与乐烧茶碗作为对比的主轴。如果想要目睹实物，日本许多美术馆都有井户茶碗的馆藏，而京都的乐美术馆也有历代乐家的茶碗的公开展演。退而求其次，在网络上不仅有相关书籍贩卖，各式茶碗的图片也目不暇给。以"喜左卫门井户"茶碗为例，与乐家系统最受瞩目的长次郎、光悦或仍活跃于当代的15代乐吉左卫门·直入的茶碗来比较时，就会发现"喜左卫门井户"的平凡无奇，歪斜的自然，与脱釉缩釉的不刻意。而历代乐名家的茶碗，则充分彰显家族整体与个人的特色。

什么是"无为"，什么是"有为"？对于时下两岸与日本以"无为"为题论述，但对本意有所曲解的当代陶艺家与评论家，这个对比是极佳的公案。我将茶器的赏析，分为实用性、个性与精神性三个阶段。为什么我将井户归属于"精神性"下的"无为"，为什么早期的日本茶人们会一致将一个就算被一般人舍弃在垃圾桶里，都不会多看一眼的茶碗，封为"天下第一"茶碗？

按照柳宗悦的批判，乐家的茶碗当悉数归类于"个性"下的"有为"，而不足以在"精神性"的层次与井户相提并论。如果分不清井户的"无为"与乐家的"有为"，是无法参透"无为"二字的。然而细数乐家历代四百五十年来的近16代的传人，其作品的确有高下之分。有的沉稳，有的张扬，有的不知所措，有的急躁，有的洒脱。乐家其实是提早体现了当代陶艺中，几乎清一色是以个人风格为主体的表现方式。而今日的陶艺家更几乎全数是依据自己的个性完成作品，那是不是一辈子就没有机会超越井户呢？我在《作品的后半生》的导读中，将作者个人后天的修为列为重点，强调如果个人的修为能接近自然，作品便能呈现鬼斧神工的精彩。柳宗悦在当时的时空背景下，并无法预见工艺环境的变迁，使得未来井户茶碗从杂器中被发现的机会，已经悄然消逝。

仔细检视乐家历代作品，传人的功力有高低之分，每一位传人的不同作品也有高下之分。从禅的角度审视时，比较乐家的"有为"与井户的"无为"，毋庸置疑地是井户为上。但如果从"精神性"的角度及以"直观"来透视，我认为乐家也有数位修为近乎自然的精神性俱足的传人，属于"精神性"中的"有为"。

2016年12月，京都国立近代美术馆以"茶碗中的宇宙，乐家一子相传的艺术"为题，展出乐家四百五十年来16代每一位传人的茶碗作品，策展人在序言里提及"这不仅是一场诉说着传统与传承的特展，更是根据不连续的连续所创造出的乐烧艺术"。主办方解释所谓的不连续的连续，是在传统的传承中让每一代传人根据所处时代的环境与条件，拥有一个自由创新的空间。那到底代代相传中，传承了什么又不传承什么，让外人不禁极度好奇。

然而我所得到的消息，那尚未在任何日本媒体上揭露的，由乐家传人亲口透露的乐家传承四百五十年的真正秘密，居然是"什么都不教"。因为一旦教导技法，则只剩下模拟；一旦教授釉药，则釉面千篇一律；一旦剖析窑烧，则效果缺乏惊喜。一切的一切从泥巴开始到烧窑，需要的是开始时不断地尝试失败，失败了再尝试。从配土、釉药到烧窑，只有在过程中感受到一点一滴成功的喜悦才会铭记在心。试想如果一开始的成型与釉药都唾手可得，不论什么父执辈的特色都可模仿，作品就只会是前人的影子，结果是什么都不会。乐家自16世纪后半开始，代代相传人才辈出，每一辈的传人都必须只手撑住家族的传承，每一辈都需在祖辈的丰功伟业下生存与发展。虽然是荣耀，但对年轻的接棒者更是难以承受的压力。所以对任何一代的接班人而言，在从小耳濡目染的基础上，摸索属于自己的特色，跟上时代的脚步，呈现出属于时代的最出彩的风格，是自己需要开创出的篇章。

我很好奇，难道连最基本的拉坯成形都不教吗？不教，从小跟在父亲身旁，自己一边看，一边动手玩泥巴。对于世代都玩泥巴的人而言，或许基因里都有自学的因子。所以最难的都不是技巧，而是观念。近几代的乐家传人都积极地与国际接轨，不论是留学、办跨国展览或资料研究与学术交流，将西方的元素融入东方的创作中。仔细品赏目前十分活跃于日本与国际的15代传人吉左卫门·直入前后期的创作变化，就可以了解他早期的作品是如何兢兢业业地谨守祖风，后期则在历经人生的淬炼后越发自由洒脱。心，是茶器创作的依归。这个蜕变必然是经历许许多多人生的风浪后所沉淀的结晶。

他的作品里70%的骨架气势饱满，形体上不论捏、削、切都似随心所欲；而30%的肌理釉色，糅合了西方的抽象油彩与东方的闲寂粗放，呈现出令人耳目一新的惊艳。难怪主办方要盛赞15代吉左卫门，直入"作品被公认为富有个性与锐意革新，在传统性与创造性的激烈对抗中，让作品自由地、猛烈地与强势地进行造型的升华"。

可惜的是柳宗悦对最高标准"无事之美"的理念，从这位日本当代最著名的乐烧传人耳边轻轻飘过。属于作者的民艺之创作精神在于"无我"，属于观赏者的民艺之发现角度在于"直观"。民艺之魂，在于心。相对于直入激烈的与强势的个人风格，民艺精神代表了无我的修持。从了解何为作品中个性的"有为"开始，逐步去掉执着，接着渐次找到顺应自然且让心性与自然接轨的方式"无为"。如果当代作者有机会细细咀嚼何谓无我的"无事之美"，想必作品还能迎来此生最大的突破。

捌

光悦论

借由大量器物的良莠、美丑与真伪，

养成了他多面向的睿智。

也几乎成了他着眼于器物的主要原因，

进而促成对自然与人生的观察。

一

　　本阿弥的祖业是刀剑的鉴定。所谓"本阿弥的三件事"，第一是相刀，也就是鉴定，第二是研磨，第三是净拭[1]。传说中光悦表现得格外优秀的，是最困难的净拭。如果看过《行状记》里说的"到了七八岁的话……就开始拼祖业了"，就看得出来他从小已经开始持家。因为代代是相同的职业，所以他很早就领会了各式各样的家传秘技，技巧优越使得名声响亮远播。他所撰写成的《本阿弥鉴定帖》共有三册传世，然而他的鉴定与净拭到底是什么？在所遗留的内容稀少的今日，想要详细了解有一定的难度。

　　然而只要了解是什么原因，引起了大家开始关注祖业中各式各样的技艺即可。刀剑是很纯粹的艺术品，而当时各类的技艺集中于此。这并非单纯的刀剑锻造，木工、漆工、金工、皮

1　净拭：把刀在锻打过程中所出现的氧化皮粉末，和油掺在一起炼成黑色的糊状物，再将糊状物用棉花在刀身上来回擦拭。细微的粉末会渗进刀身，使刀显现出黑亮的光泽。而地肌也会变得清晰起来。

革细工、纽细工，还有螺钿[1]等，各类的技术结合于此。光悦晚年多才多艺的作品，想必是根据这些基础发展的。而从事鉴定的他，借由大量器物的良莠、美丑与真伪，养成了他多面向的睿智。也几乎成了他着眼于器物的主要原因，进而促成对自然与人生的观察。于是光悦具备了比谁都强的眼力。

具有这般眼力的光悦在他的生涯中留下多少相关事迹呢？这是个好题目。也应当有许多值得玩味的事吧。

二

在他繁多的技艺中我首先选择漆器。如果见过从他开始振兴而被称为"光悦莳绘"的漆器的独特风韵，能成为被仰望的中兴之祖[2]未必就是过度的赞美。他并非单单以画笔进行描绘，还镶嵌大量的锡、铅与青色贝壳，在奔放的风情与趣味上下足功夫。在作品上，有时以绘画有时以文字大胆地进行搭配。当时敢于如此表现技法的没有第二位。

以他的代表作"舟桥的砚箱"（图❶）（藏于东京国立博物馆，谁都能很容易地看见）为例，该杰作使得他声誉高涨。

1　螺钿：漆工艺技法之一。将贝壳能发出真珠光的部分磨平细切，以纹饰的形式镶嵌到漆器或木材中的工艺。

2　中兴之祖：一般被称为"名君"，指一个朝代、宗教或特殊领域，因为多种原因而衰微，又因某人之努力而复兴，这个人就被称为"中兴之祖"。

❶ 光悦作　莳绘漆器
"舟桥的砚箱"

从手法或者从纹样的选择来观察，不仅是大胆而已，连形都相
当异类。特别是盖子如此这般地鼓起是普通人想不到的，放胆
于让形状从内向外撑开，从侧面看起来像是个半圆。

　　能想到吗？这恐怕是光悦的漆器中最上乘的作品，只是我
们因此给予他无上的赞誉是件好事吗？最初他着手创作该作品
时，应当有着丰富的美的意识吧，他对纹样与形的理解十分令
人钦佩。然而他能否常常超越这个意识呢？我们在此能够看见
他在有意识下所做的十二分努力。但是在超越意识的意识里还
能找到那个安静的他吗？

　　来看看作品上的桥，也就是宽阔的带状的巾吧。再看看这个近似半圆的鼓起的盖子，意图明显而无法掩盖。让带状的巾如此地隆起，显示他的力度技巧并不一般。但是为什么非得这样处理不可呢？这样的美已非立基在寻常的用品里，已对平易产生嫌恶。但是禅家也说"至道无难"，只是他达到了这般境地了吗？如果他能更上一层楼，就能作出更为安静的作品。可以除去巾来表示巾吧。微微的拱起，能包裹住那并不存在的圆吗？动如果在静中不存在，动仍是难以表达的。这个砚箱有着谁的心都能迷住的魅力，但是谁的心有着安静的深度呢？奔放的美一定是美的一部分，但它能成为玄之美吗？在意识中完成的所有作品都是好公案。

三

　　这个时代是"茶"的时代。先有千利休，再有宗旦、织部、远洲，还有长次郎、道入（图❷）。光悦也非茶人中的等闲之辈。《瞻草》[1]中说："对光悦的茶宴深深着迷，在铺着两叠、三叠榻榻米的宅子里，从备水到点茶，成为生涯的一大慰藉。"许多的器物被他的眼与心爱着。在他与美交织的茶境里到底有什么呢？幸运的是至今仍残存着几个他亲手作的茶碗，诉说着关于他的故事。

1　《瞻草》：是在光悦80岁过世约半个世纪后，他的外甥光益之子灰屋绍益的晚年随笔。是光悦流美学文字中令人惊艳的代表作之一。

❷ 乐三代　道入作　黑乐
茶碗　铭　黄药玉

　　多才多艺的他将技术应用到陶器。他的作品的确不多，有
的说有光悦五件，有的说七件，或说是十件。著名的杰作"不
二"（图❸）、"加贺"（图❹）、"障子"、"毗沙门堂"、
"雪片"、"铁壁"、"太郎坊"等，到了今天哪一个都价值
万金。他的作品中装饰性强的还不少，人们也都认可他的高知
名度。他与乐常庆与其子道入有着深入的交往，并共同开拓了
乐烧的大道。使得和物中的"乐"蒸蒸日上，有人说光悦是当
中的极致。乐的土中有赤与黑，还有以白来搭配的种种。

　　与一望即知的满溢韵味邂逅。为了让形体能清楚地被看
见，他毫不犹豫地让腰身与底部圆圆地鼓起。那切面大胆地陡
立，在此间一条竹刀痕深深地烙印，是为了请大家品赏高台。
捏塑茶碗的大口缘时，就这样无造作地掐了一下。肌理有时粗
犷，有时波动起伏，釉色的外衣被各式各样的色彩涵括与包
覆。单品并无法以相同的手法反复操作完成。他那意图推进至

❸ 光悦作　茶碗　铭　不二
为光悦茶碗之最

❹ 光悦作　茶碗　铭　加贺

此的作品，又可被称为非比寻常的作品。爱好"茶"的人是很难忘却这类趣味的。

让我对他的作品重新检视一次吧。一个个都高谈阔论着"茶"，景色始终很热闹，所以呈现的涩味是刻意营造的涩味。茶的雅趣不是因此而外露了吗？哪里都包裹不住这样的作为。关于"茶"以及关于美，这些器物自身都是相当能言善道的。就算举出这些他至今所贡献的精华，原谅这般自我满足一切都不寻常。禅旨不是说"平常心"吗？为什么不能更平凡坦然地创作呢？把涩味当作目标则将沉沦于花哨中。古人也这么说，"遣有没有，从空背空"[1]，他仍然未从这个业力中挣脱出来。

喜欢"茶"的人不知不觉间在"茶"中沉沦了。措身于"茶"而不超越"茶"，就不是正宗的"茶"了。为了"茶"而制作且不花哨的茶碗，到底有多少？我在他的陶瓷创作里看不到超群的光悦，也不会选取耽溺在趣味里的器物。聪颖的作者自己能够反省吗？他如此记载："陶瓷器对我来说并非祖业的主体，只不过是看到鹰峰的好土质，偶尔才会去碰，一点都没有想让自己立足于陶器作品而成名的打算。"

人们谈论着他传世陶器的出类拔萃，并赞美他的多才多艺。只是技艺的多样是件好事吗？每一样技巧是否能在每条路上专精呢？光悦的作品并非一般的创作。然而实际上达到了专

---

1 遣有没有，从空背空：摘自《信心铭》。意旨为，想要遣走"有"，越是没入"有"；越是追求"空"，越是背离"空"。

家的境地了吗？如果达不到，还能算是正规的创作吗？因为他
并非匠人，既然他欠缺匠人的严谨，却赞美他的自由创作是正
确的吗？艺道是非得将自身奉献出去，否则不能称为艺道。光
悦并非以陶器为祖业，如果他的心与手能一致地注入于该技
能，他的作品就不会只停留于此。观赏着他令人难忘的创作，
如果以匠人的角度是不会看不到他的不成熟的。

　　他的陶器始于雅趣终于雅趣。他推崇的高丽茶碗却不过是
这样的杂器，是件真正的陶瓷器，是祖业所遗留的器物。它的
涩味并非在作为下完成的，有比这更具有涩味的器物吗？观看
者不能轻视这项判断标准。

　　具有意识的人，是如何能超越意识的呢？这是光悦在他的
茶碗中还无法解开的问题。

四

　　传说有一次近卫信尹在探访光悦时问道：“当今天下书
法写得漂亮的有谁呢？”光悦说：“首先……其次是您，再者
为八幡宫的和尚（指的是松花堂〔图❺〕的字）。”藤公询问
“首先”是指谁，“不好意思，是我。”光悦说。从此有了
“天下三笔[1]”的名声。由此可见他对自己的书法非常自信。

1　三笔：指的是“宽永三笔”。宽永三笔指江户初年的著名书法家本阿
弥光悦、近卫信尹和松花堂昭乘。他们用大胆的创意带动了日本书道的觉
醒，给江户初期堕入低俗的和样书法带来了清新气息。

光悦流（图❻）、近卫流、泷本流等，并立于当时的年代。书道的蔚然兴起也差不多是那个时期。多才多艺的光悦，被尊为一流的始祖也是必然的。他的毛笔字继承了空海、贯之、道风的书风。他的弟子还有乌丸光广、角仓素庵，以及小岛宗真。

仔细看的话，和、汉两体常常交错，只有融和和汉并将之作为自己的一部分才能自由地创作。今日还残留有几份他的抄经。他向世人展现的风采，是在描绘了纹样的底纸上，再大胆地写下和歌的文字。总是粗放而毫不犹豫地大笔一挥。他就是"三笔"中的一人。

然而这样的书法真的能替光悦的伟大加分吗？我暗自怀疑着。就算是说他发挥了和风体，但比他优秀的书法还多着呢。在三藐院中被看作是第二名的书法，也可以说是比他还高了一个级别。光悦最好的字体是他不经意的随笔手稿，在此可以遇见最纯朴的他。与此相较，他其他的书法都含有自豪的痕迹。他可以说是位书法名家，但是能写并不代表能把书法的真意表达出来。他总是喜欢在纹样纸上写下和歌（图❼），但是难道只有我一人会想象如果美丽的纹样上没有这些文字，又会是如何呢？我不认为在有绘画或纹样的底纸上面书写着文字，是错误的。然而绘画完全纹样化，但文字生硬。在这样的情况下，文字如果不能提升成纹样，就不能说是美的文字。

他所书写的匾额仍有几个留存着，相较于他生硬的文字，不知美了多少。这是因为有两种救赎力量的存在。一是因为雕

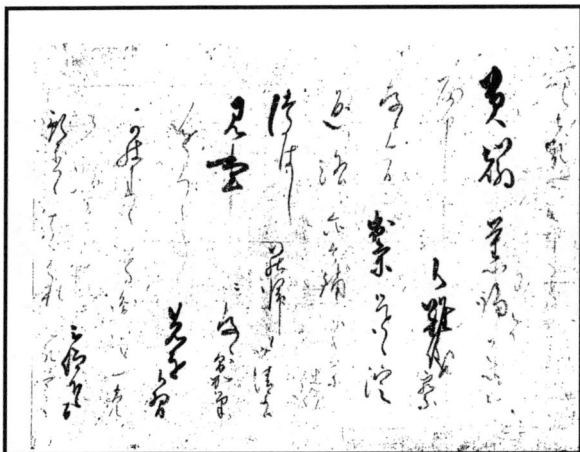

❺ 松花堂昭乘书简

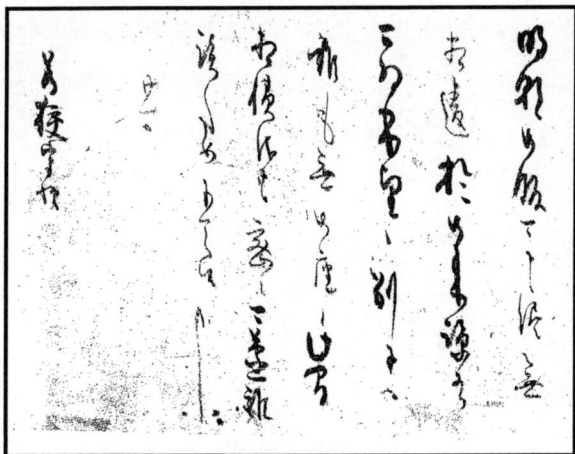

❻ 本阿弥光悦书简

刻师使得文字与原貌相距甚远，让他文字的突兀感变得不明显；二是时间柔化了文字，使得他的文字越来越近似纹样。文字相较于雕刻完成时，如今不知更美了多少。此处对他的救赎并非他自身所为，而是与他距离遥远的力量。匾额的美是外力的赐予，千万别忘了在物件的美当中有着这股力量的意义。

五

　　过去在庆长年间，光悦继承了友人角仓素庵的志向，将许多本书交付活字印刷。今日的命名有光悦本、嵯峨本[1]或角仓

1　嵯峨本：近世初期，由本阿弥光悦与其弟子角仓素庵共同发行的活字豪华版。用纸与装帧美不胜收，在设计上下足了功夫，也称为角仓板。而光悦本是嵯峨本当中光悦或光悦的弟子亲笔在印刷凸版上书写的版本。

板。书籍的爱好者对这份刊物是无法忘怀的。编修古和书的书目时，其中一个章节是不得不被这类书占据的。

如果回溯的话，平安时期是纸料裱装等开始的源头，而插画则大多有赖于奈良的绘本。当时与开始流行的由平假名交织而成的活字书本，的确是在光悦的企划下实现了跃进。之后各式各样版本的出版，受光悦本影响之深，更自不在话下。今天光悦本与嵯峨本仍有些许传世，包括《谣曲之书》《舞之书》《方丈记》《百人一首》《伊势物语》《源氏物语》《徒然草》，以及其他十余部。

事实上他参与到什么程度，是很难清楚地知道的，但这些装本的设计出自他之手的倒是毋庸置疑。当中著名的特色是用纸与活字印刷。今日还有盖着"纸师宗二"的印章的纸留存下来，他应该是在光悦晚年时住在他身边的人。鹰峰的古地图里记载着"口十五间 宗仁"，在这些纸类中有许多是以光悦喜欢的方式制作出来的，有很多是质感非常好的雁皮纸。在指示下撒上胡粉[1]，然后将描绘的各种纹样印刷在云母纸上。不单如此，他把黄、红、青等颜色染在纸上，他喜好交替地使用颜料，所以并不是单纯的书籍，文字被绘画及颜色所装饰。多数是帖装本，有时以折页线装来制作。

他的另一个梦想是对文字样式的创新。虽说是印刷体，但已经不是中国的字体。他承袭的并非宋明风格，所选的其实是

1　胡粉：白色的颜料。将贝壳燃烧、碾碎后制作成的粉末。

自己的书体。在当时"三笔"中为首的他，也是其他人所企盼的。他将自己的书风付梓，忠实地将笔意模型化。当时模仿他的众多弟子，开始在印刷用的凸版上书写，所写的并非楷书而是汉字与假名字体交错的行书体。这样一来，出版的许多书籍就被广泛地称为嵯峨本。由素庵发行的版本也被称为角仓板。回顾过往，由于光悦的企划而提升了书籍的意义，是件值得一提的事。他对于美的世界的爱已经扩及书物，他在意味深长且了不起的装帧版本里注入了心血，是在和书的历史上难以抹灭的事迹。

然而现在看到的几册光悦本，我自问，如果是我会做同样的事情吗？他所企划的许多不正确的事我并不是看不见。他的云母纹样真是美丽，有着如果没有他还产生不了的纹样，然而这样的纸是书籍所需的纸吗？是比素色更被期盼的纸吗？在书籍里，比欣赏更重要的如果是阅读，那主客就不该颠倒。有比女主人衣着妆饰更美丽的婢仆吗？本来以欣赏为目的的书物，就不可能比以阅读为目的的书物更美。美一定是从阅读而来的，比此更美的书物是不存在的。

光悦常将三五色的色纸混着使用。颜色绝对不差，然而下这些工夫能修订书籍吗？终究只是玩弄趣味罢了。如果优雅的嗜好不得其所就失去了意义，先在书物的外观上特别下功夫是错误的。就算是很美，但也无法取代书籍最美之处，因为这并非用途之道。工艺之道不能止于趣味。

换个角度来看看活字印刷吧。他将他的亲笔书体如实出版，而且在临摹一事上下功夫。但是在版式里适合亲笔的书风吗？版式一定带有成为公版的性质，必然会追求超越个人的书风，所以不得不提升至标准型的字体。汉朝的隶书、六朝的碑文、宋明的书籍，表现的并非一个人的字形。在西洋也是如此。从中世纪的彩绘本开始，到十五世纪以后的活字本，都在追求字形的样式。在活字中的我是不需要存在的。让公开书物的字体回到私人书风难道不是错误的吗？是他把版式的特性忘记了。在种种的嵯峨本中，光悦的书体就这样如实地出版是丑陋的。如果没有提升到活字体，无论再美都没有资格称为一流的出版物。或许他认为在光悦本里自己是位艺术家吧，但就不可能是位工艺家了。无法遵守工艺的常道，书籍的美就不可能呈现。

说说缘由吧。自古印刷的和书中，如同谣曲本里这般以贫弱的书体展示的版式，在他处是不存在的。这不就是受到光悦本的影响吗？

六

遗物的数量不多。当中单纯的绘画极少，而且大作贫乏，无法充分地品赏这位身为画家的他。然而相较于其他的技能，我认为光悦更是一位画家（图❽）。在他多样的艺能中，恐怕在绘画中最能展现出自由的他。他是位美术家，是位比谁都称头的美术家，所以他不可能是位适任的工艺家。他即使做了漆器又做了陶器，也有极佳的创意，但还超不出试作的范畴。对

❽ 本阿弥光悦　扇面萩兔图

完全的工艺品所要求的技术与心态，仍有多处准备不足。然而在绘画里的他是明显优秀的。绘画之道对美术家而言难道不是最直接的道吗？在这段关系下，乾山最终努力地在艺术上有所作为。[1]以陶工的身份而言，乾山作品完成度还很差。但以画家的身份而言，是与宗达[2]并列的。

　　光悦继承了土佐画的流派。如果回溯起来，平家的纳经、扇面的古写经、桧扇等是他美的泉源。他的画风并非突如其来的原创。但是大和风的绘画精髓是在他的突破与开创下呈现的美，这是毋庸置疑的。他的画和汉画风般的锐利与坚硬是完全

1　这段文字柳宗悦表达得很暧昧，也很简短。柳宗悦在检讨光悦为什么不就当个画家就好，因为光悦在绘画中的表现，是他诸多技艺中最出色的。乾山是光悦的玄孙辈（第四代），所以"关系"是双关语，一是亲戚，二是乾山继承了光悦出色的绘画天赋，成为当时的名画师。

2　俵屋宗达：江户时代初期活跃于京都的画师。受京都附近宫廷文化的影响，作品富于多变性，具有较强的艺术性。

不同的，那描写柔软、丰富、圆润意象的绘画，极度自由地、圆滑地描绘着。选择喜好的题材如花、草、树木。对于自然如果没有好的眼力与情感，又如何能够温婉地描绘呢？他只有在他的绘画中才能充分地展现自我。

与许多美的作品相同的是，他的绘画极具装饰性。与其说是绘画，不如说是纹样来得好。在这样的意义下，他的绘画反而是工艺的，与他的工艺品是属于美术的一事是很有意思的对比。相较于在他的工艺品里，在绘画领域他更像一位好的工艺家。事实上，这不就是卓越的纹样绘画吗？

可惜的是，他的作品很少。但是存留着许多记载和歌并带有纹样的特殊纸。他绝不是以画家身份自居的人。尽管如此，但他以一派画风的宗师身份被仰望着，光悦派的流传由他开始（不能误称为光琳派，这是冒渎）。但是他的流派虽由他开始，却并非由他完成。让他的流派的内涵更有意义的毋宁是宗达。他足以称为画匠，是在绘画的艺术里奉献一生的人。我认为身为画匠的宗达是日本最伟大的画家之一。因为这位杰出的宗达，光悦的画风达到了顶峰。接续宗达且不辱师祖名讳的是画匠乾山。他所传世的作品是真正的美。

（顺带一提，光悦派中总是加上了光琳〔图❾〕与抱一。画风上的确如此。然而光琳只是再度将其以形式局限的人。他与宗达的级数是不同的，批评家在这类的作品上不能看走眼。到了抱一则是孱弱的末期艺术，连谈论的必要都没有。）

❾ 尾形光琳笔　红梅图六扇屏风

七

　　元和元年（1615）光悦58岁时，德川家康将鹰峰这块地赐给了光悦。从京都向北走二十町[1]，是大德寺附近通向丹波的道路。《行状记》里记载："赏赐的地位于鹰峰的山脚，是东西两百间多，南北七町的平坦土地。"东到玄泽，西到纸屋川，南到土手，北到爱宕山下。原本是荒凉的郊区，有些人围绕着光悦聚集于此。今日有幸根据光悦的近亲，片冈家的家传古地图，能详细地缅怀过去居住时的种种。从以前人们就称之为光悦村。

　　从光悦自身开始，一整个家族与好友、匠人们就以并列

1　町：与下文的"间"都是日本长度单位名称。一间是6尺，约180厘米。一町是60间，也就是360尺。

式的屋檐构成居所。虔诚的他设计好灵堂牌位与决定了寺院用地，晚年时则在此设立隐居处并以大虚庵称之。对我们而言，这个村里最迷人的是以他为中心而开展的艺术村。多面的他在才能外露时来到这里，当然也可以说是该来时就来了。怎样的匠人们在他的村里住下来呢？虽然记录了许多人的名字，但是谁在做什么就不清楚了。只有纸师宗二与笔屋妙喜广为人知。漆艺师、铸物师、陶艺师、旋工工艺师等，各有一户是分配给他们的。可以说是诞生了以光悦为中心的同业公会。在这个世间受惠于这般境遇的人，例子是不多的。特别是对从事多面向的工艺工作的人来说是他们渴望的生活方式。但遗憾的是我们却无法透过实物，来详细地了解这期间的工作事迹。

直到80岁过世，光悦筑居在这里生活了二十二年。如果没有他的德望与睿智，又如何能在这段时间内，让大家能同心协力与平和地经营这个村落。历史上也是稀有的事情。他的存在令人们抱有敬慕之情。使人烟稀少的鹰峰直至今日，往来的访客仍络绎不绝。博学的林罗山出版了《鹰峰记》，灰屋绍益在《瞻草》中以诗文的形式叙述了光悦为师的生活。当时有许多著名的艺术家在村里居住，在生活上与德望上能与光悦并驾齐驱的恐怕没有。鹰峰是被赐予的土地，如果非光悦，就无人接手吧。当时喜欢"茶"与谈论美的人不在少数。但是像他这般具有深度与广度的还有别人吗？身为人的光悦比冠上什么名号的光悦都还要光辉耀眼。与其说他是茶人，首先他是个有品格的人。

虽然声望日隆，他的生活还是很简朴。《行状记》中这么说："光悦身上的特点甚多，他的学习从二十岁到过世前的八十岁，一人食炊、一人生活与提出主张，所以一生都不曾谄媚。"依据《瞻草》所说，他几乎没处理过金钱。书里提到"光悦度众生的方式是一生都保持未知"，"我以轻松的态度持身……喜欢住处狭小朴素"。他拥有的贵重东西几乎都送给了好友，自己却"把玩粗物则踏实"，喜欢朴素的"茶"。晚年的草庵之所以称为大虚庵，因达到大虚的境界是他的愿望。如果他没有这般谦让的生活，鹰峰也不会这样繁荣。合宜的生活正是光悦的立基。

去世时是宽永十四年（1637）二月三日。孙子光甫平顺地继承了祖父的志业，但是曾孙光传很早就失去了维持鹰峰的能力，而归还于幕府，仅仅是在光悦去世后的第四十二年。如此一来光悦村的历史就告终了。为什么故事如此之短，是因为光悦一个人的光环消失了吗？是被村里一脉宗亲的一切局限住了吗？是能复兴遗业的人物欠缺了吗？是事业止于个人而未能移转到组织吗？没有光悦的光悦村在寂寞的历史中谢幕。今天残留的墓碑还在，已没了工艺的团队。仰慕他而参拜光悦寺的人至今仍络绎不绝，却只能在对过去的追忆里结束，至今没人企图让他的精神复苏。但这不是为他祈求冥福的好方法。必须有人出来继承他的衣钵，好好实践他那时无法实现的工作。

启彰导读
圣者的硬伤

　　昭和时期（1926—1989）的日本是一个文人高度内省的时
代，1968年日本首位诺贝尔文学奖得主川端康成在诺贝尔奖颁
奖典礼上，以《我在美丽的日本》为题发表演说，其中提到：
"我的小说《千只鹤》，如果人们以为是描写日本茶道的'精
神'与'形式'的美，那就错了，毋宁说这部作品是对当今社
会低级趣味的茶道发出怀疑和警惕，并予以否定。"

　　柳宗悦在同一个时代所呈现的，则是他过人的勇气与深
度。当一般人与日本茶圣千利休被他人相提并论时，会感到无
上的光荣；而柳宗悦多次在不同场合被他人列举其功绩并与千
利休相较时，则觉得十分尴尬。千利休在切腹前的遗偈，受到
了后世广泛的推崇。在《利休与我》[1]一文里，柳宗悦引用近重
物安博士与南禅寺柴山全庆法师的研究，对比了四川一位名为
幹利休的僧人的遗偈：

1　并未收录在本书中。

人生七十力围希 这里呲提王宝剑 露呈佛祖共杀机（幹利休）

人生七十力围希 呲吾这宝剑佛祖共杀（千利休）

本来"佛祖共杀"是出自唐朝《临济录》中的名句"逢佛杀佛。逢祖杀祖"，千利休的引用并无不妥，但是与幹利休遗偈过高的相似度，对照自己在美学与茶道所建立"和、敬、清、寂"的神圣地位，似乎有抄袭而跌落神坛的疑虑。

而传说中丰臣秀吉赐死千利休的原因之一，是因为他在给茶器做中介时收取高额的佣金。在一份千利休切腹当天由旁人所写的日记里，将千利休"卖僧"（意指辱骂和尚经商，利用自己的地位不断收贿，又接受卖茶具收回扣的事情）一事做出文字披露。柳宗悦认为，如果千利休认真地求道，则会断然拒绝金钱与权力。而他却选择了利用"茶"来获取利益。"这样的'茶'已经不再是洁净的、有深度的。"柳宗悦说。

我之所以选择以千利休作为此篇章的开场，是因为柳宗悦对于既定印象颠覆的功力，以及其逻辑严密、论理有据的论述，在近代几乎无人能出其右。举凡千利休、乐烧家族等等，到此篇的重点人物本阿弥光悦，几乎所有坊间的书报杂志，不论在日本或两岸都是清一色的歌功颂德。当所有的评价都指向目标物的美，一般人被未经平衡的信息淹没后，真正的美是视而不见的。而这些文章中对于作品美感的叙述，因为大多是对外观呈相或技巧的描绘，鲜少会令人印象深刻。

不同于川端康成在《千只鹤》中对茶道的批判隐入小说情节，却被大多数读者误以为是赞颂。柳宗悦在分析作品的美与丑时字字铿锵，引经据典，引人入胜。我始终认为对美的理解的训练过程，不可轻忽来自对丑的对比。柳宗悦对于所在乎的人、事、物的评论，则总是站在正反两面，让读者有机会做出全面的纵观，并延伸与培养在其他领域的赏析。

本阿弥光悦是何许人也？是日本江户时期，恐怕也是前无古人后无来者，一位最不可多得的才子。出身刀剑世家，他的漆器系列"光悦莳绘"被尊为中兴之祖。因为他与乐烧家族的渊源，茶器作品常常被归于乐家系列；他的茶碗，有人称为四百五十年来乐家历代之最。他的书法，被誉为江户初期的"宽永三笔"之一。他的活字印刷物被称为光悦本。他的绘画被奉为光悦派。在日本艺坛上这样的光芒，几乎让后人仰望后睁不开眼睛。只有柳宗悦提起美的放大镜，一一检视。

柳宗悦的论述之所以能令人动容，是因为他的评论常常涵盖技术与心理层面的分析。谈到光悦在漆器的代表作"舟桥的砚箱"，他肯定鼓起的盖子的创意与张力；但提醒这样的刻意是无法企及内心安静的深度。谈到茶碗时，他点出光悦最大的特色在于圆鼓鼓的腰身与底部，及大胆的切面；但提醒做作的涩味不符合禅旨中的"平常心"。谈到书法时，他肯定光悦的精彩在于随笔的纯朴；但从数个例证中指出与绚丽的底画结合，或在匾额上依赖外力的修饰，明白点出光悦文字的美靠外力加分。谈到绘画，他盛赞光悦的画作是他所有技能中之最，并指出极尽装饰的画作接近了纹样，成就了绘画中的工艺；又赞许他一改汉画风的锐利与坚硬，创造出和风的柔软与丰富。

　　柳宗悦其实是伯乐，只有他最懂光悦；更进一步地说，只有透过柳宗悦，我们后代才有机会一窥光悦一生多才多艺的奥秘与内在的全貌。在篇章的最后，柳宗悦高度肯定光悦在德川家康赐地鹰峰后，将鹰峰建立为艺术村的贡献。因为光悦的人格魅力与道德高度，该光悦村里各类工艺的蓬勃发展，几乎成为日本历史的绝响。没有英雄惜英雄的气宇，就没有末了动人的悼念。我似乎能在字里行间依稀感受到柳宗悦的叹息。

玖

工艺的绘画

画什么、怎么画的确是自由，
但自由地挥洒却不一定是美的。
充分地活化自由并不容易。

从前在"绘画论"中所论述的主张有许多重复之处，我想要再次针对具有工艺性质的绘画，写下我想要陈述的观点。这样的题材对于唤醒舆论而言需要具备充足的内容。总之我认为对于以往的绘画论的修正已经迫在眉睫。如果没有旧包袱，而能生机勃勃地回归到直观，就可以对于绘画的见解进行再一次修正吧。

一

总之我是喜欢工艺的绘画的。喜欢的绘画是哪些部分具有工艺的特质呢？我的论述不一定只从单一的个人喜好展开，也不会以特别的理论将这样的主张建构起来。只不过是对放在眼前的物件以所见到的事实率直地叙述罢了。我想进一步说明的是，所有美的绘画中，哪个部分是工艺性的。而那些还未达到工艺之美的绘画，是因为仍未充分地显现出美来。

二

工艺性与物件的美之间有紧密的关系，这个真理目前还未能明确地说清楚。就算有人觉察到了，想要从比美术的地位还低下的工艺的角度，来批判美的性质，肯定是会感到犹豫的，然而却有从美术的角度来批判工艺的习惯。一见到是工艺品，立刻审视作品中有哪些部分是美术性的。相反地，见到美术品时却没有人会思考哪些部分是具有工艺的特质。所以"美术的"这样的语言是计量美的轻重的标准，在这等场合里却没有人会用"工艺的"来形容。工艺家以"工艺美术"为目标，对于工艺品的创作犹豫不前，更没有人会把美术品当作工艺品来制作。而且是不可能这样想。

所以我的提案可能大半会被认为是无谋的，无理的。但是这么认为的人，不正是被某些思考所囚禁吗？这真的是直接看到器物的想法吗？我的眼不能原谅这类的事情。器物对我这么说，所有的绘画从它们的工艺性质被提高后，才开始呈现美。

三

试着描绘一棵树。若是尽可能拟真地描绘，就会被评论为很好或普通。忠实地描写是为了传递真实，我认为这就是正确之路。然而这样从外观上去临摹形与色，就能成为一幅好的绘画吗？绘画是必须更进一步地使树成为绘画。但不是树的绘

画，而一定得是绘画的树，树与这幅画必须是相异的。描绘是
将树变得更像是树，也就是让树渗透到绘画里。所以与其说看
见树，不如说是在画中让树能更好地被看见。在这样的意义
下，仅止于写实的作品并不能提升到绘画的境界。好的绘画并
非树的写真，而是将树表现出来。看见自然的树，连看不见的
树也历历在目。在这样的意义下，好的绘画中隐藏着比树更像
树的树，我将这样的绘画称为工艺的绘画。这样的命名是再适
切不过的吧。

因为此时树的绘画是在纹样中酝酿出来的，不但省却所有
的徒劳，且只留存那些不得不保留的元素。在此省略了经常不
需要的部分，但补强了需要的元素。这不就是纹样的性质吗？
而且是超越写实的真实。这样的场合里不需要夸张与虚伪，都
是最真实不虚的表现。好的纹样从某方面来说表现出好的夸
张，哪怕是富含了怪异的元素。树的绘画开始融入纹样之后，
绘画的树就因此提升了层次。好的绘画与好的纹样是联结在一
起的。

四

纹样可以说就是简化后的绘画，绘画是在收敛处以被收敛
的姿态呈现的。纹样在此达成一定的样式，而样式则遵守一定
的法则。东西在回归本源时，样式就出现了，所以可以说纹样
是法则下的绘画。反过来说绘画在符合法则后纹样就改变了，

样式如果不够成熟，这样的纹样是无法完全变成绘画的。如此一来逼近纹样的绘画，被称为工艺的绘画不是很好吗？如果无法融入工艺性，东西就无法呈现出纹样。纹样就是工艺品的姿态，绘画在到达这样的阶段后就会显得更美，因为纹样就是绘画在淬炼后结晶的姿态。在这样的意涵下，纹样之外的绘画是不存在的。不论什么样的绘画，在进入纹样的阶段后就能成为绘画。

五

如果能反省历史，且能早点回到中世[1]时期，这样的特质将更明显。而且一旦回归到过去，所有的绘画都能与纹样相符。汉代与六朝，以及拜占庭、罗马的绘画，不是全数都在展现这样的事实吗？雕刻也悉数具备了纹样的特质。这个时期几乎找不到丑的作品，到底是怎么回事呢？并不是说因为古老所以美，而是因为物件符合了工艺才美吧？美术在当时还不存在，所以借美术来说明并不恰当。那个时期仍然是工艺时代，美术是从工艺独立出来的近代产物。

不可思议的美术时代来到了，美物与丑物的界限越来越分明。如果能以工艺元素的复苏或死亡来阐述最好。这个时代里

1　中世：日本史的封建时期分前期与后期。当代人将后期称为近世，前期称为中世。各史学家的定义虽不一致，但一般公认镰仓、室町时代（1192—1573）在中世期间。

工艺领域的丑物并不多，但不能说是因为工艺反过来向美术献媚了。因为工艺本来就不得不坚守自己的立场。回顾一下这些美丽的绘画，与其称之为美术的美，不如称为工艺的美更为合适。相较于美术的这样的形容，不如工艺的这样的形容来得更能解读正确的美。称美术的这样的标准是个人主义时代的必然产物并不为过，但是将美术从工艺分离出来是恰当的处理吗？本来是一件事却强行将之区分开来还算是无罪的吗？再一次与工艺的结合不就是美术所当追求的正道吗？这样的分离对工艺而言实在太悲哀了。

六

当今的画家们对下列的事情是怎么考虑的呢？谁都会说绘画是一个人的事。绘画走的是自己的路，与他人无关。而天才是不受任何人掣肘的，说抽离了个性的绘画将只剩下自我怜悯也不为过。最具个性的画要数近代的绘画了，绘画始终都是个人的事。个性越鲜明作品就越出彩，现在谁都这么想。

然而这是一件两个人无法一起从事的工作吗？别说两个人，三四人为了一幅画一同协力也不行。如果集合了许多人，是无法产出好的作品的，因为人多反而难以成就一幅绘画。如果彼此能心连心地合力完成一幅画作，是多么可贵的事啊！不是说一个人不能画，一个人所画的有必然的成果。有些美是非一个人不可的，同样的有些绘画是必须同心协力完成的。而这样的绘画不是包含着更大的意义吗？对此真诚地相信的人，会被称为风雅之人吧。但是如果绘画单单只是个性的产物，这真的是正确的吗？如果共存的理念高涨的时代来临了，非一个人莫属的孤独之路还能受到这么大的赞美吗？

七

　　我会这么说是因为现在许多工艺品，代表着许多协同组织。起码当它成为大家共同的工作时，产品必然会被认定为带有工艺性。近代或许以"分工"做出说明，与其说是"分工"不如说"联结工艺"的观点更恰当才是。最美的工艺品是合工而来的，是工艺原来的性质所致，因此工艺品必然携带着非个人的特质。这不是由个人支撑起来的，而是多人的心力交织而成。

　　所以必然是无铭，是天才一个人也完成不了的工作。这样的作品的作者有许多，是谁、做了哪些部分、怎么做的，因为多半都达到了相同程度的美，所以出类拔萃的作品并不是个人的美。一般来说工艺品中这样的性质很普遍，如果仅囿于个人的工作，就无法符合工艺品需要集体创作的要求。本来工艺之道就不是个人之道，所以工艺品是朝着非个人的美前行。

　　这并不是说所有个人的作品都是丑陋的。但是如果深探这样的美，非个人的作品会朝更高的境界迈进，这时绘画必然带有工艺性。非个人与工艺性有着密切的关系，今天的作家们不当错失这样的真理吧。

八

接下来是一条画家们都不会考虑的路径吧。在称颂个人自由的近代，作画时嫌弃一切的束缚。想画什么、怎么画都是个人的自由。缺乏这般的自由，就成就不了美的绘画。美术之道从这样的主张出发。然而这条道路真的是引导美唯一的，与最后的道路吗？又，这能成为所有人可以行走与前进的道路吗？这样的反省对于绘画的将来而言，有极为重大的意义。

画什么、怎么画的确是自由，但自由地挥洒却不一定是美的。充分地活化自由并不容易。有自由地挥洒却不出错的画家吗？这条路是只为天才而准备的，所以天才往往为了自由行走至此。近代的作品丑物之所以这么多，是自由的滥用所造成的难以避免的结果。自由贫乏的过往，丑物却意外地少，这又是怎么回事呢？由此可知自由是条险峻的道路。

如此一来平坦的道路，宽敞的幅度、广阔而安全的道路还更好。这不就是主干道吗？从前优秀的绘画多半是在这样的坦途上完成。这里非但没有自由，反而秩序成为力量。虽说拥有画什么、怎么画都好的幸福，如果有一旦遵循就能变美的描绘法则，不是更幸福吗？法则因为有必然性，如果能遵守就不会犯错。如果依据法则来描绘，会是怎样的结果呢？并非自己自由地挥洒，而是遵从法则来描绘。破除法则并无法感受自由，反倒是遵从法则才能获得自由。在此没有比服从能得到更大的自由，刚好与参照棋谱能顺畅地挪移棋子相同。如果不懂棋谱，到头来会比笨拙的棋手更不会下棋，不是吗？

九

有人会问在哪里会有这类法则的实践案例。然而人们之所以找不到法则，是美术家对自由的坚持吧。如果身为工艺人能依据正道自我反省，将深切地领悟到失去法则的工艺之道将不可能存在。工艺的美就是法则的美，或者说对于法则而言，作品携带着工艺的特质。在审视一件工艺作品时，难道没发觉以法则为基础所作的描述是更为明晰的吗？在此称呼法则为型也可以。绘画必须臻至一定的型，然后坚守这个型持续描绘。技巧不熟稔是达不到型的要求的。从前宗教绘画的要求除了题材的规定外，画法也必须遵守既定的法则。描绘人的眼、口、耳，描写自然的树、河、山时都有一定的型要遵循，并在这样的组合下完成一幅画。看似有的拘束其实不存在，或者说从这个拘束中孕育了一幅伟大的作品。依据样式完成的作品，从建筑到雕刻，从绘画到器物的实例很多。汉画中最美的漆器彩绘，不就全部是依照一定的型完成的绘画吗？三墓里的四神、法隆寺的壁画、六朝的雕刻、罗马的圣像、十五世纪的木版插画，没有一件不是遵循法则的作品。为什么这些作品中不可能有丑陋的品项？依照特定形式的话，错误就少了。在法则的限制下，谁都可以在容许的范围里发挥。但是如果这样的作品被当作是天才的创作，那就是对匠人们的侮辱。匠人们平常心地产出精彩的作品，万一他们创作出丑陋的作品，也只限于对型的疏离或传达的失误。法则是超越个人的，根据法则的创作回归到非个人的性质是必然的。自由本位上创作的作品活在个人里，而跟从法则的作品则超越个人。古老的作品当然是以传承为主要的角色。个人作品中也有美的，然而超越个人的作品其结果将更美。所以最美的作品中一定有工艺的足迹。

✝

在此我对民画（图❶、图❷、图❸、图❹）的性质的相关议题费点口舌。由民众而生、为了民众而绘，也被民众购买的画称为民画，这就是一种典型的工艺绘画（例如见到大津绘、小马绘以及泥绘这样的最好的实例）。为什么民画能达到工艺的美？首先是那并不是属于个人的画。绘画者是无名的画工，他们原来就不是为了表现个性与志向而创作的，也可以说是一个没有天才的世界。画工不仅有一人，类似的工人的人数非常多，合力完成一幅画的家族成员们也会将手艺传承下去。工作一旦上手了，谁来参与都可以。不仅如此，画题也是在早先就已经确认的，所以就同样的内容反复描绘。为什么这么平凡的事情能够成就如此美丽的绘画呢？因为工作定义在型里。他们就算知识贫乏，但是在法则的支撑下使得过错很少。绘画如果能彻底转化为民画，就不会有丑陋的作品，因为这是以最安全的方式作画。如果出现了丑陋的绘画，是因为背叛了法则而自

❶

朝鲜民画　飞鸭莲花图

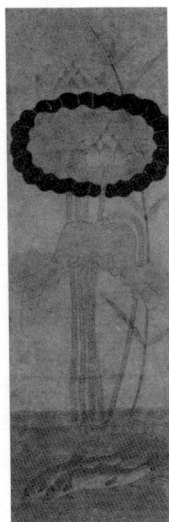

❷

朝鲜民画　莲花鱼影图

❸

朝鲜民画　群鸟图

❹

朝鲜民画　莲花图

由地表现所造成的过错。在民画里的画工们是谦逊的，本来就是以讨生活的技能来作画，并没有为了美而画的自负心理。所以如果绘画被评为不入流，却反而能借此将作者的妄念移除。民画是这个世间罪责最少的绘画，只是对美的相关事物的根本做出描绘，而未隐含什么别的想法。所以在最纯的姿态里，让民族的信仰、道德、情操等慢慢渗出。

因为遵循了型，绘画进入了纹样的世界。如果能见到这个特质，绘画就成了工艺。这样的美从美术的角度怎么也无法说明清楚。美并不是目的，也不是个人才能的产物。不论是哪一个国家的作品，民画就是工艺的绘画。如果没有涵括工艺的性质，就不属于民画。

十一

将来所有的画家们，对下列的题目难道不应该肩负思考的责任吗？例如让工作停摆在连一张都无法完成或是无法动笔的画作，这样是对的吗？又，虽说画作美的话只有一幅也好，但同样美的作品画了好几幅就不好了吗？如果这样美的作品被大量地期盼时该如何是好？进一步说通过大量的绘制才能变美的画作，这样的描绘方式难道不是正确的吗？这样的大道上有无法实践的作品吗？美丽的绘画如果无法被复制，这难道不是因为描绘的方式有所欠缺吗？如果状态能改变，而进行对原本单一画作的反向操作，结局不会令人不可思议吗？唐代有一幅名画《树下美人图》，画作很美也有很多复制品，而且就连同样的图案都很美。坚持只绘一幅的画作，这样的民画是不存在的。这些现象为什么会出现呢？绘画如果是工艺性的，就可能会出现。

工艺的本质有它的用途，但这用途并非为了一个人，它是为了谋求大众与大多数人的利益。工艺就是"多"的工艺，多是追求重复的操作。出自反复操作的作品，可以正式开始以工艺品来称呼了。没办法大量制作，又无法符合大量制作的性质，是难以成为工艺品的。

十二

能反复操作的绘画，必然朝工艺的绘画移转。要让这个反复操作顺利的要素有许多，画题的限制是其中的一项。限制是违背自由的，但作品却因此被赋予了最充分的自由。就因为不论什么题材都能处理，反倒没有意外吧。题材如果处理失当则意外是必然的。近代绘画的缺陷在于荒唐地滥用自由，题材的睿智取舍能使工作更安全，反复操作更容易。

限制也可以在描绘的样式中见到。如何描绘是事先决定的事，也会为了工作的平顺而调整。如果对于原来的描绘样式不熟悉，就会导致反复操作的迟滞。因为反复操作使得作品越来越简洁，能将一切的多余拭去。反复操作在这里是对美的保障。

美丽的绘画并未被局限在任何无法复制的绘画形式里。不要忘记虽然是大量地绘制，却仍然能成为美的绘画这一事实。只能完成一幅的绘画，在有些状况下是不合理的。谁能说美的作品不会被率真地大量绘制呢？少少的画作在这世间无法呈现美，少少的画作也不能让民众去亲近。绘画应该更广阔地延伸到大众并与大众交流，所幸工艺一途让这件事情成为可能。为何工艺绘画的价值没有被更重视呢，何况美的绘画已经在工艺的作品中出现了。

十三

印象中画家会单独地作画，是个人主义崛起后的近代的事，在此之前主要是带着插画的性质，是为了公共领域而作的画。寺院的壁画、圣像，就是所谓圣典的插画。今日这般个人绘画被私人拥有的习惯，使得插画的地位低下。然而插画的社会意义极为重大。将插画画家当成二流的画家来看待是好的吗？如果充分了解了插画的意义，很快地绘画就会让这个状态有所不同。到时候公共领域的绘画，量产的绘画将毋庸置疑地带来力量。据此人们将持续探究，直到领悟什么是绘画之美。

量的需求必然导致插画从手绘向版式印刷挪移。木版或金属版，不论是什么样的插画都能给出量来，绘画完全可以在反复操作下完成。所以与插画相关的绘画，越来越具备了工艺的特质。

在此版画回归到比绘画更高段的非个人作品。手描是经由无数次的反复才能产出，而版画是依据刀、雕刻、纸张，以及印刷等第三、四阶段的间接工序完成的。如此一来，只有版画才能呈现出的美也会去吸引更多画作投入版画的制作。这里所说的美不是赤裸裸的东西，而是再一次回到自然。如果能回归自然，就能超越人类自身。版画的美就是工艺之美。

十四

在此为了说服读者，就以众所皆知的六朝的字体（图❺）为例来说明吧。对于那些被认定具有文字之美的文字而言，是

❺ 六朝墓志铭

谁都会感觉到难以超越的。然而它为什么美，还有哪里美，终归是伟大的工艺文字，道理是说得通的。

首先那不是个人的笔迹所完成的，无法判定是谁写的字，称之为时代之字也可以，所以也是当时所有人的字。然而为什么所有的人都可以拥有这些文字呢？为什么一个时代可以肩负这些文字呢？因为它是超越自由的个人字体，且文字融入了法则的规范。历史在这期间不知有多少的变化，但是六朝的一定的字型却并未崩坏。人们遵照这样的字型临摹书写，并非按照个人的自由来书写这些文字，也不是哪一个个人写出各式各样的文字来。源自传承并忠实地服从，这样伟大的文字便诞生了。所以这是一个个人文字不可能存在的时代。

因为字型的存在，所以遵守笔致与线条的约束。谁都不会错过具有特色的六朝字体。只要对着字型长时间临摹，字体的模样必然会近似。与其说是见到文字，不如说是见到模样来得更妥当。因为模样化了，使得美能自内而外地渗出。或者说六朝的人们，已经写不出模样以外的字体了，也可以说是感官的进化。这就是工艺文字代表的范例。

这样的美在何处都是非个人的、普遍的。因此转向石刻后，使得六朝的风韵更迷人。在不自由的坚石上徐徐地凿刻，是让文字与个人的笔迹分离，让文字更进一步导入客观的美。

然而接下来拓本出现了，文字迎来了美的顶峰。恐怕与拓本中的六朝相较，我们看不到比此更美的六朝了，因为在此字体已经升华而进入了工艺化与模样化。

　　总结一下这些观点，做接下来的论述。美的字体通常是工艺的，所以间接的途径、印刷版与拓片守护着文字的美，这是因为字体回归了自然所致。如果手写中蕴含着美的文字，跟随如下的路径是没有错的。在为数甚多的书写里，会只留下去芜存菁的部分。此时文字已经与印刷版近似，并融入字型的字体里。如此一来，字体因为进入到模样的阶段，使得文字变美了。如果还欠缺这个要素，就仍然无法充分地成为美的文字。

　　我的这些说明希望对绘画的欣赏有所帮助。

十五

　　将来画家们必须要面对的一个大的问题是美与经济的关系。在近代人们对于个人的绘画追逐着异常的价格，稀有的天才所产出的作品当然是如此，因此画家也被当作特殊的人来看待。一切的自由、偶尔的怪癖、不道德等，如同是画家被允许的特权，只是在这般地位上是必然的结果吧。然而不论对画家或社会人士应该一视同仁，为什么寻常的人就不能任性呢？寻常人的作品就比较低下吗？近代绘画的缺点不就是病态吗？不就是丧失了健康的美吗？

　　同样的作品相异的价格，当然可以认为是特权。但是任由这样发展很好吗？断言这是妥当的状态好吗？不是引起各种的不便吗？不管是有多美，但只落入少数人手中。而且这些有钱人经常以最了解优秀的作品自居，但又有谁能保证呢？这件事让美与民众陷入了脱节的状态。大众与天才的作品几乎是毫无交集的，高价品往往缺乏社会性。

然而美的作品不是由少数孕生的，而且一旦陷入高价是离人们的幸福何等遥远啊！我们为了催生美的数量，又为了让一般人能拥有美，不得不思考一条新的路径。唯一足以响应这些需求的作品，不就只有绘画的工艺化吗？这就是为什么多与美链接而成的作品不是美术而是工艺的原因了。可以说工艺性与社会性是一体的，如果并非一体，那还不能充分地称之为工艺品。这让我们燃起了如下的希望。

美与数量最大化的交集部分，不就是工艺的作品吗？我们必须拥有许多美的绘画，如果因为少而不画并非理想的状态。进一步说大量的描绘下，才不得不让美从更为深化的道路中显现出来，因此这样的绘画召唤了属于自身的工艺性质。然后在工艺的性质之下，只有绘画最能满足这样的功能，如此一来相信能创造出属于绘画之美的高峰。

关于美与工艺性的深层缘分，将来的画家不得不更深刻地自我反省。

启彰导读
从莫里斯、包豪斯到民艺的未来

　　这个篇章的题目虽是《工艺的绘画》，而刻意在此介绍工艺的由来与演变，到民艺的登场，以及铺陈后续的发展，是借由这个篇章协助大家了解柳宗悦对民艺的思考及其时代意义。在工业革命的冲击下，艺术与工艺的孰轻孰重，近几个世纪以来一直是业界争议不断的议题。

　　艺术与工业的首度指标性交锋是在1851年，于世界工业化进程最快速的英国首都伦敦，所举行的第一届万国博览会。当时无论工业、政界、商界还是艺术人士都相当重视，莫里斯（William Morris, 1834—1896）躬逢其盛，但看完展览之后却大失所望，他认为在大量工业产品的粗制滥造下，毫无美感可言。于是在数年后发起了工艺美术运动，抵制粗糙的工业制造品以及媚俗的矫饰艺术，倡导手工艺的回归，把工匠提升到艺术家的地位，也可以说是纯艺术的回归运动，强调手工的价值。

　　接下来接棒的是1919年由格罗佩斯（Walter Gropius,

1883—1969）所创立的包豪斯学校（Bauhaus）。包豪斯除了对于现代建筑学具有深远影响，在今日早已不单是指学校，而是其倡导的建筑流派或更可说是风格的统称，除了建筑领域之外，包豪斯在艺术、工业设计、室内设计、平面设计、现代美术、现代戏剧等领域上的发展都扮演着重要的角色。包豪斯主张将艺术导入工业制成程序中，打破纯艺术与工艺的区别。格罗佩斯所追求的是使艺术为工业所用，想从技术的角度回到对技术能运用自如的艺术家与匠人尚未区分的中世纪。

大约同一时期的1920年代，柳宗悦开始发展民艺的思想体系。由于早年接触到朝鲜的陶瓷器与杂器，被作品散发出那纯粹的美深深吸引。柳宗悦在当时一般人毫不在意的廉价杂货"下手物"中，归纳出无铭作品的美感，来自作者的"无我"。对柳宗悦而言，工艺是远胜于艺术的，匠人们因为熟能生巧而能去繁从简，转化为能大量复制的形体与纹样并置入生活器物中。其中"健康"的，"实用"的，"低价"的特质，以及顺应"材料"的特性而完成的作品，与对应手工艺所需的"技术"，成为民艺的五大重点。艺术是高不可攀的，而民艺则是贴近于普罗大众的美。

如果我们从商业模式来观察这三位当代影响力深远的人物，不仅有利于厘清这些作为背后的动力，更能进一步思考未来的民艺是否能，与当如何因应时代的变迁。

莫里斯所发起的工艺美术运动的背景，是英国急速跨入工业化造成许多日用品粗制滥造的时代。莫里斯在1861年成立公司，提供了建筑、壁画、家具等设计，刚开始由于是纯手工的制品，只有少数贵族得以负担。之后历经营运的起伏，在公司重组后，开始以壁纸与印花布为主营项目，随着市场规模的逐渐扩大，机械生产的辅助使得价格让一般人能够接受，产量也足以应付所需。最后通过扩增品项的输出与杂志媒体报导，影响力遍及欧洲诸国，使他成为近代设计运动先驱的典范。

而包豪斯是一所学校，是一所有崇高理想去改变世代人才对工艺美术态度的教育摇篮，然而学校首要考虑的是收支平衡的长期营运。包豪斯所处的背景是二次世界大战战火绵延的时代，局势的动荡与经济的不稳定让学校在学费收入之外，需要仰赖相当程度的政府补助或外界捐款。包豪斯首创的理论教师与工艺师傅双轨并行的教育制度，不但应用最新的科技与材料完成作品，并为了在学校经费短缺的情形下实践教学成果，使赚取对外接单的利润成为学校的财源之一。包豪斯虽在1933年结束，却深深影响了现代设计教育，其精神也流传至今。

1936年在实业家大原孙三郎的资助下，日本民艺馆建成开馆。由于民艺馆是"公益财团法人"，不能盈利，所以主要的收入是近千元日币的入场券与藏品的租赁，以维持其基本的运营。在这个日本私人美术馆发展艰难的时点，日本民艺馆却从来不卖出任何一件搜藏，与动辄将国宝级藏品拍卖出上亿日币的其他私人美术馆相较，民艺馆有自己独特的坚持。

民艺馆的经营直接承袭了开馆馆长柳宗悦的理念，柳宗悦是一位思想家与美学家，他的哲学曾经沉寂许久，直到最近十多年来逐渐被日本甚至其他国家所重视。我认为今天柳宗悦的思辨之所以被当代人所青睐，是因为其浓厚的东方哲思，深邃而经得起考验，又正逢全球急速的经济发展，已经到了一个利益与道德极端冲突，而不得不停下脚步思索何去何从的时间点。柳宗悦不谙商业模式的文化人角色，让他的思考纯粹而容易触动人们内心深处的渴望。

但是当今天"工艺"的认知逐渐变成等同于"手工艺"，是在可复制性中带有手工独特性的创作，而柳宗悦所指的"民艺"清一色是手工艺。在这个时代不论工艺美术或民艺品，都已成为只有少数人的收藏，原来集体创作且不求名利的民艺已烟消云散。民艺的未来应该如何？

在日本，一般民众甚至许多三四十岁的中生代陶艺家对"民艺"是什么已经印象模糊，甚至我所接触在京都经营民艺品商店的第二代对"民艺"的未来都显得茫然，所幸文化界对民艺论检讨与反省的声浪一直并未停歇。民艺大将滨田庄司的孙子，南山大学准教授滨田琢司曾表示"由于商品的设计越来越讲究，而手工产品的水平有不断下滑的趋势，相对地呈现了一个逆转的态势"。

虽然有些陶艺工作者并不想成为作家，而只想担任无名的职人，但目前日本的各大窑口几乎都已停产，取而代之的都是个人工作室。这使得民艺的理想境遇中协作的、健康的、手工的与美的生活难以实现，不希望出名的职人都残酷地面临生存的压力。只有位于关西岛根县出云市的出西窑，在1947年成立后受到柳宗悦父子的启迪与协助而致力于民艺品的生产，目前工匠20多人，成为目前日本为数甚少的陶瓷民艺工作坊之一。

在我访谈出西窑第二代窑主多多纳真时，他犀利地指出了民艺的当代困境。所有民艺馆的藏品都是在1961年柳宗悦过世前的主导下所搜藏的，而民艺品的要求就是贴近生活。如今柳宗悦已逝世超过六十年，大众的生活习惯与审美也发生了翻天覆地的变化，但是民艺的定义并未被重新厘清。民艺馆既未重新定义今日的民艺为何，且自身的藏品也未更新，进一步造成民艺向下发展的困难。

面对今日的模具制造已渐趋精致化，而工资的高涨，使得手工艺不可能再低价。为了普及于更多的民众，通路或品牌的宣传成本就需要摊提到每一个单位的产品，而纯手工的数量可能达不到市场要求。唯一最接近民艺精神的生产方式，势必迈向机械量化而非手工量产，而责任就落在设计师肩上，原本民艺精神中的手工，不得不由设计师以自身的美感把关，交由机械量产来完成。

第三任民艺馆馆长，柳宗悦的长子，也是在日本被誉为工业设计之父的柳宗理（1915—2011）曾说："在我们的生活用品几乎已经被机械产品所取代的现在，如果只把民艺论限制在手工艺的范畴里，必然会与一般大众渐行渐远，而导致民艺论最终失去了其存在的价值。"柳宗理自己最脍炙人口的作品蝴蝶凳与大象凳，就是手工完成模型，将民艺的手作温度融入冰冷的工业设计中，经过不断改良后再交付机械量产的实例，他说："手要用的东西，怎能不用手做出来？"蝴蝶凳后来被选为MoMA、Vitra等设计博物馆的永久藏品，是亚洲文化与西方科技完美结合的里程碑式的象征。

由日本民艺协会遴选推荐的现任民艺馆馆长深泽直人，是知名品牌"无印良品"的设计总监，这个举措似乎已经提前为民艺的未来找到了新的出口。深泽直人希望打造一种纯粹而洁净的生活杂物，使现代人的家居回到从前的简洁感，他说："当我把'民艺'一词与'设计'进行置换之后发现，'民艺'居然与'设计'所含括的直接意义一拍即合。"从柳宗理到深泽直人，这两位深具后柳宗悦时代代表性的人物，在理念上传承了民艺的精神，在行动上又执行了民艺的意志，似乎民艺与设计合而为一的状态，正是时代所赋予的必然结果。

这一篇《工艺的绘画》所面对的现代课题，是数字复制画的问世。一方面因为数字化的便利，故宫历代名画或世界名作得以走入民间居家环境，成为挂画、壁画与各种装饰品，这的确实践了某种角度的民艺精神。但是另一方面民艺中冀求的手工复制，因为量多、无我、健康的熟能生巧而淬炼出的美，就因此完全被机器所取代了。如同柳宗理所说："真正的民艺在今天已然消失殆尽。我们可以说，今日即使是手工打造的产品，也无法称之为'民艺'了吧！"此时设计师能够扮演怎么样更积极的角色，让各式绘画的美更贴近民众的生活，是这个时代所无法逃避的责任。

拾

织与染

越是忠诚，
织品的性质就越能提高。
织物在法则下产生，
也在法则下息止。

这一篇是在织与染这个主题上的一些片段的内省。对于美的作品的爱好者而言，不得不去分辨东西为什么会变美与变丑。由于多面向的工艺样貌，我们在这个领域里并非只单纯地学习美，也受教于法则、道德与自然的神秘。对此的钻研，总算得上是对织物的报恩。

缟[1]

平织、绫织、缀织与其他数不清的织法，都源自经线纬线的交错而成为织物。

经线与纬线交织后成为纹样时，就出现了缟。直条纹、横条纹、格子纹，什么花样都有，所有的纹样都可以回溯到缟。反过来说，从缟会发展出各式各样的样式，进一步地会扩展到各种纹样。我们可以说，缟是编织赋予的最基础纹样，缟是各式纹样的开端。

---

1 缟：线条花纹。

　　这里是数理的世界，也是法则的世界。这些如果乱无章法地败坏了，将导致织物的织法错误，心混乱，美也混乱。纺织工人是法则忠诚的仆人。越是忠诚，织品的品质就越能提高。不论是织布机、手或足都是计算这个数字的劳动力。织物在法则下产生，也在法则下息止（图❶）。说是人的作品不如说是法则的作品来得更合适。

　　学习编织首先要学习编缟。不仅仅要知道在这个世界对理法的服从是何等的重要，同时得学习线与线的交错，以及色与色之间的调和，更进一步要学习纹样的意义。缟因为遵守法则，可以说不论怎样的花纹都是纹样。那里没有过多的余地嵌入人的智慧，横与纵是命运决定的。花纹粗也好细也罢，缟不会形成绘画的纹样。绘画能自由地变化，缟则不得不顺从织的

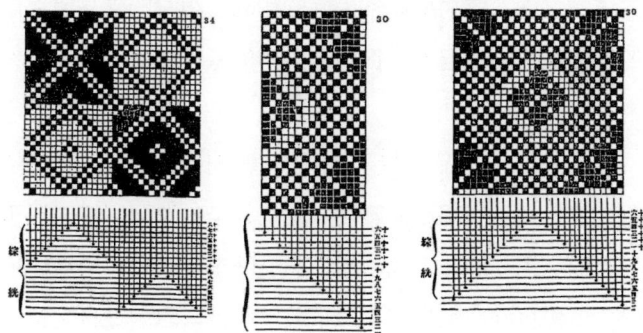

❶ 经过事先计算的各式织物技法

249

指令。与其说是我的织物，不如说是自然编织的纹样，所以缟物的罪状稀少。因为有人们的业力无法左右之处，可以说是加入了比人更自然的手法。有些绘画的纹样好与坏的差别实在太大了，但缟物的丑物很少。人的错误很多，而委任给自然的工作则几乎没有错误。

有些被称为"不规则的缟"这样的织物。常常有剩下的线被再利用，任由线的颜色与长短不一，就这么自然地无作为地罗织起来，因这样不规则的织法而命名并流传至今。没有哪个国家做不了。但为什么几乎遇不到丑物？那是因为就算想要敷衍却还是得在法则的规范下操作，很少有表现自我的余地。在这样的安全之道下不会过于冒失，也可以说几乎所有的织物都因此获救。缟物是一条危险极少的道路，因此有不少美物，不会看腻。所以名物[1]的布包中有许多缟物是理所当然的。不，仍然还太少。如果选择的是新名物的布包，我在一堆无铭且最平凡的缟物之中，容易捡起不少好的作品。缟物的美是值得用更高的价格取得的。自然所拥戴的东西能呈现最深邃的美感，在法则的守护下确实如此。

一般来说工艺品所呈现的美受惠于自然良多，与自然相违背的不论是什么都尽显屡弱。织也好染也罢，不能无视于材料的厚爱。绢、麻、木棉、毛、葛、纸等，谨守着用途让价值彰显。串接也好纺织也好，决不采用伤害自然的取材之路。不

1　名物：通常指知名的器物或物品。

论是织或者是染，不得不去思考如何让天然的材料能够活用起来。所以不论织法、染法，或染的颜色，绝不会做出无理的要求。朴实的产品才能有长久的生命。

如果人们的作品不能让自然更加活跃起来，就说不上是巧手。战胜自然并非工艺之道，让自然更自然才是这份工作的意义。再不能做出比这样更自然的织品来正是它的任务，所以美的艺术品比自然的东西更美，因为在作品里最自然的一面已经深深地展现出来。

絣[1]

日本风格沁染的织染类中，值得一夸的其中之一是絣。还没有其他哪个国家像日本一样对这个工艺这么着迷。如今仍持续着热度的是，那曾几何时在街头巷尾的男人们，以及特别是几乎所有的孩子们，甚至常常有女人们都穿着的绀絣[2]。这般深入与遍满民间生活的织物实在不多。因为经常看到而见怪不怪，穿在街上谁也不会回头看一眼。过一个世纪再看的话，一定会成为令人爱慕的织物之一吧。

在过去所保留的工作特质里，正紫蓝色被率真地使用，也被谨慎地应用到纺织中（在此我们暂时把不率真的现代物

1　絣：纺织前线先染色的技法。

2　绀絣：紫蓝色或藏青色的絣。

品忘却吧）。

 与年龄相随的是细条纹与中条纹的衣着，纹样是由许多短小的纵横线所组成。因为是手作的所以是最自然的，是庶民衣着中最低调奢华的展现。颜色上清一色是紫蓝色底与白色的纹路。虽被称为绀绊，但大多却做不出这两个内敛的颜色效果。在南国的琉球中能作出许许多多的颜色，但是与美丽的绊相较，就成为有趣的对比。仅仅两色的确是保守的，就日常穿着而言适合于当时的社会，是符合当地风土民情的配色。各地的纺织几乎都涉及同样的款式，不只久留米村这样依此成名的地点才生产。各国[1]各村能织染缟的女性越来越少，传承上是借由村到村的散播。因为平时常穿的缘故，所以绊大部分是木棉的，夏天则偏好麻的织物。其中最有名的是越后的小千谷，呈现出无比的繁华。但是这样的盛名是由许许多多南国的孤岛所组成的，如大岛、冲绳、久米、宫古、八重山等等，绊这个名字是不会从中消失的，尤其绊在琉球已经开花结果。

 但是如果是粗条纹，将更能实现在视觉上自由的跃进，这在寝具中常用到。自古在伊予、仓吉、广濑就有名气。在粗条纹中绊的线条是绘画样式的延伸，其中有许多极品。龟鹤、松竹、虎鲤，将它们搜集成册的话就能成为令人玩味的绘本吧。

 绊并非容易的工作。纹样事先得决定、寸法需要计算，绊的部分得一条线一条线地处理，在蓝瓮里浸泡。许多宝贵的经

---

1 国：这里所指的国，并非日本以外的国家，而是早期日本各地诸侯受封的领地。

验在此累积到今日。能好整以暇地完成作品，都多亏了传统的
庇荫。如果是捺染[1]则轻松许多，之所以刻意地以絣进行罗织，
是为了让织品展现出完全不同的特殊风格。这与从上往下压的
制作方式，以及组合的姿态的生成历程不同。也令今后的捺染
在技术上，得作出近似絣味的拟真效果吧。

　　然而不自由就是不自由。以絣的技术做出来的纹样，与以
手描绘、以型按压出的效果不同，这样的工序十分迂回，需要
两三次的工序。絣的经线需要单独处理，再将纬线并入絣中并
非寻常的技术。如果有很多颜色，将更增加技术的难度。线染
时计算的方法是不能乱的，经与纬交错的絣眼是一项功夫。得
忍耐这样不自由的规律的才是絣。可以说如果这个不自由消失
了，絣也消失了。

　　就在工艺世界到来时，受惠于这样不自由的情况非常多。
因为有了不自由，美才开始被守护。这样的不可思议成了真
理，是因为以下的道理能通达之故。人们的作为中有许多不应
该存在的谬误，所以直接映射出丑陋的机会就多了。人们如果
能间接一些，与这样的作为疏离就好。换句话说是回归自然，
所以也可以说作品的纹样受到自然纹样的牵引回归后就是絣
了。不可思议的是，作品如果回归自然，就进入了救赎的状
态。精细地描绘后仍显黯淡无光的织品，成为絣后它就美丽地
再生了。始终迂回的絣的手法，是不自由之道其中的一项，但

1　捺染：是类似版画般的印刷工艺，将染料以糊状刷于印刷版上，再按捺
到织物上的技术。

是却因此让美得到解放。对于此奥秘的学习是工艺的重心。

其中不可思议的部分，是绊中纹样的"偏差"使得纹样更美。偏差过度会造成紊乱，如果绊中连丝毫"偏差"都没有，就成了冰冷与坚硬的织物了。"偏差"是自然给予的，反而协助了美的生成。过于正确的绊就不是绊了，这是不是也可以因此解读出工艺的神秘法则呢？

型染

所有的布能如同盛开又烂漫的花一般，是从染物里开始的。这里是颜色的世界，是绘画纹样的世界，是女性居住的王国。如果没有了染物，将使得人们在此住得不自在。色染使得我们的身与心得到温暖、快乐与柔软。

前人思考了许许多多的方法。蜡染、筒描染、板缔染、小纹染，光是列举各国的染法就可以编辑成书了，人的智慧在此也不会怠惰。种类繁多的染法中，在染物里最正统也是日本发展得最好的是型染。透过型染，染物才能达到染物中的染物的境界。

从手描开始，进化到筒描，还是无法因应市场对数量的追求。不能说数量的充盈是工艺的本意，如果能适度设计型纸，染物就能遍布在广泛的人群与地点。据此，染物在反复操作上将变得容易。型染中的染物进入了真工艺的范畴，然后需要型纸师，最终乡里间的工作甚至将朝此移转。伊势的白子[1]在其中声名远播。最初从这里有几万、几亿的型纸运到各国的工作室。小型、中型、大型的型纸竞逐着所对应的各式各样的纹样。只要看着就能大约明了日本所流行的样式。

还可以加以赞赏的部分是透过型染，染物得以崭露头角。这条路上，我们是无法透过品味操弄使得东西变美的。最近有不少外行人想在更纱[2]上尝试蜡染，因为可以投机取巧，所以技法比较亲民。就算颜色无法均匀，样式上有残缺，还是能蒙混过关，更甚至乍看下是一致的品位。所以外行人容易在此跌跤。然而型染无法鱼目混珠，道就是要光明磊落，不论如何处置都要明确地接受检视。所以不是行家是难以靠近的，这才是正规的做法。谁对型染都无法吹嘘。透过型染，人们能染出绝佳的纹样，到此境界才能称为染工。

但是不只是如此。在此，颜色与模样是会说话的。如果不知道如何搭配颜色这个秘密，那么光做无益。不可思议的是往日能驾驭颜色的人有许多，今日却甚少。进一步将焦点指向纹样时，悲剧更是历历在目。今日有无数的纹样印染在布料上，但是称得上像样的纹样又有多少？近日以来，人们所丧失本能中最显著的是对纹样感知的力量。为什么今日做不出像样的纹样来。一直到明治中期的千余年历史，日本曾创造出无数日本

1　白子：地名。

2　更纱：将金箔等华丽的材料与技术应用在织布上的技术。

风格的纹样。型染在那段历史下刻画出光辉的一页。

说到染就像是说到友禅[1]（图❷），友禅的名声最响，开启型染一式中最美的世界的是琉球的"红型"，也是友禅的泉源。如此多的色彩，与不可思议的样式组合，这么美的染物这世间也少有吧。如果能亲自试穿的话，就像是做梦一般。这比今天任何华丽的服装更华丽，而且不会坠入俗套。雍容中诞生真正的美物，需要的是异常的能耐。朴拙的美物与之相较，可能更为亲切吧。像琉球这样小的孤岛，能意外地发展出型染这样巨大的王国。

小纹（图❸）

说到型染，当它的型纸极细小，而该染法的难度到达了极限的，就属于小纹。当今年事已高的染物师在已经饱和的工作中，还必须研修要求极高的小纹染技术。染物的种类繁多，染类的技术里像小纹染这般难度的还没有第二个。以前不论是哪一国的工人，还没人有这份能耐作出这样的作品。但是悉数在相同的标准下，大量染出均匀的质量才是真的难。还没听说过有人把色斑当成是小纹染的欺骗手法。但是为了在型中不残留接缝的痕迹，并非普通地费心思。如果距离上有一点点误差，就会被批评技术太差，这样的工作会让人呼吸困难与眼睛布满

1　友禅：为京都绘画师宫崎友禅所创的特殊技法，开启了染物新的一页。

❷ 友禅染　白茶缩缅友
禅染纹样御振袖

❸ 小纹染　下着胴贯雪月
花褛　流水模样

血丝。为了完成一个单位类似小纹的染物，背后不知隐藏了多少长年的辛酸。在完成阶段一旦有所闪失就无法成为商品，极有价值的织物就会变得一文不值。小纹染就是从一角到一角都要求完美与极端耗神的工作。

来看看型纸。演化过程越来越细的就是小纹型。在这样追求的影响下，纹样由肉眼难以分辨的一个点一个点组合而成。拿起来对着天空看过去，才能领悟所求何物。型纸的雕刻者为什么牺牲自己的眼睛，为什么过着在门窗紧闭的室内除了面对机器外动也不动的生活？外头的温暖日光、虫鸣鸟叫都不是他们的朋友，这般的日子昨天、今天、明天都一样持续着。

所以谁会想要这样的工作？从江户末期到明治初期许多女性都喜欢。或许今日有些布庄，还会想些手法来吸引女工们的投入。不论如何曾经一时的流行，到今天仍然是很有味道的小纹染，连年轻的女性们都爱穿呢。

说好听点，深居简出的日本女性们素雅的嗜好与细腻感，都被这些微小的模样诱惑住了。小纹染那非得近距离才能玩味的美、细致的纹样、不经意流露出的品味，以及能触动内心的喜悦等，即便在这个世间的染物很多，像这般费尽精神类别的纹样还真的没有。染的技巧在此达到极致。

然而从另一面思考，不论是看到型纸或成品，总是有一种痛楚。这是出生至今为止，职人们所从事过最艰辛的工作。被骗这类事情虽有听说，但却没发生在小纹染过。这是一个如果不能习惯就会战战兢兢，习惯了就会神经反射的工作。也是一个使身心都受到折磨的职业。阴郁，束缚，不是在太阳下自由地伸展跳跃的工作。为什么我们不得不将一个工作运作到这步田地？是因为染的烂熟期，也可以称之为末期。有着被不自然胁迫的染物，以及被不自然压抑的织品。令人惊讶的是明明是没有相当手艺无法完成的工作，却无法成为一个面向光明又充满朝气的工作。该染物的技法是历史上伟大的一章，从染物的历程来说也不能称之为邪道吧。

从封建的外壳被脱掉与丢弃，新生活复苏的明治中期始，社会逐渐开始将小纹染放弃。

本染[1]

如果对自然的宏伟无法打从心里感动，对工艺之美的感悟也将困难吧。此刻有人会自夸自满，对于驾驭自然的人类智慧赞叹不已，但这不过是不切实际的梦罢了。回首过往至今的修行之路，人类智慧的历史还很浅薄，自然的睿智与创生的历史一样古老。我们如果这样轻率地下判断，乃是当之不敬。如果有人在太阳下因取出灯火而自豪，谁都会觉得那是愚昧之举。

"这个世间的智慧在神的面前愚不可及"[2]这样的话曾被收录。聪明的人类依据化学知识制作了今日的染料。回顾这个非

1　本染：指的是手染与自然植物染。

2　作者并未在原文中加注引用原文的出处。

常努力的过往，谁都不会吝于致敬吧。但是对本染深度的批判是对的吗？这是只知道人类的智慧，而不知道神的智慧所致。圣书上曾对满足于人类智慧者有这样的训勉："世上如果只知道自己的智慧而不知道神，这是因为实现了神的智慧。"

对本染的敬意是对自然的敬意，对本染的爱是对自然的深邃的爱。不论是何种染色都无法超越本染的深度，是因为它被自然守护着。或者这么说吧，化学所给予的颜色虽然纯粹，但像是一张单调且肤浅的证书。所以不但浮华，而且卑俗。与此相较，自然的颜色显得相当朴实。这是颜色的特性中不但复杂、玄妙且深邃的见证。也可以说纯粹才是不自然，复杂所以自然。这里所说的复杂并不是混浊，是各种不可思议的要素包含在其中的意涵。这里的纯粹不是清澈，只是单一到其他的什么都没有。掺入化学的染料是低俗、肤浅的花哨。这些可以称为是文化的正道吗？化学要是发展得够好，就不会因停滞于此而被嫌恶。最优秀的科学家比谁都清楚，自己的智慧是如此渺小。对自然的傲慢，并非科学的深耕之路。

本染指的是草本染。从自然截取的素材中还有其他不同的颜料，主要的组成有矿物质、红柄[1]、黄土与不变色的色料。分子如果很粗，即便染色也不容易上色。染是必须仰赖草木熬煮的汁液，这是原本就有的做法，以前就以本染称之。如果到有

1　红柄指红色氧化铁。

很多优秀创作的结城市[1]，现在还会看到打着"本染绀屋某某"的招牌。以前就算没标示，也全都是本染。

不论何种草木都适合染色，但必须依据颜色含量的多与寡来取舍。本染的经验是从无数的植物中，去尝试哪两种颜色是容易搭配的。各地不同的土壤相异而赠予了我们不同的材料。但是令人吃惊且聪明的是，好的染料基本上只用了几种颜色。著名的黄八丈就只用了三色，这是很好的教诲。今天染物的堕落，不就是使用了许多种的染料吗？虽说在某种意义上能自己选择喜欢的颜色，但也可以说这样的选择增加了误用的危险。除非是天才，否则并无法自由地运用这些色彩。好的染物只需要几种素材便足够，因为少所以能充分地掌握。而且不同浓度与媒染剂混合能起到无穷的变化。只选择少数几样是因为对自然的强大坚信不疑，所以不会有错。一切都将被安全的自然力量所守护。

本染中令人难忘的是蓝，可以说蓝是日本染物的魂。虽然哪里都可以培育出来，成就了一世英名的就属阿波国的蓝，因为那里的色素资源丰富。走访这个曾经风光的工作场区，至今仍然有部分留存着。可惜的是，过去盛况空前的事业只剩下现在的奄奄一息，当今接续的是种植山蓝的冲绳岛。以前全日本的男女老少都穿着绀染[2]的衣物，约莫半世纪前生活中就有绀

---

1 结城市：地名，是位于关东地区北部，茨城县西部的城市。

2 绀染：紫蓝色的染物。

的存在了，称为染坊的也等于是绀屋。如果缺少了这样材料，不论在日本或中国，就失去了这般能与民众的生活交织的色染了。这个最优秀的颜色，浓与淡都恰到好处。日常中不论怎么洗都不褪色，甚至越洗颜色越鲜明。洗后日晒更显出它独一无二的美，而且味道幽雅，所以蓝色真的是我们大和民族的色彩。

然而这优秀的色料，也是那大约在四五十年前风靡日本的和蓝，在面对便利但丑陋的洋蓝时，却差一点濒临死亡。那间拥有几十个出色蓝瓮染料的绀屋，随之无法再经营下去。若说时不我与也罢，当时如果人们能更深刻地反省，这类的事情就不会发生了。然而在灰烬下仅剩下的火痕还残留着，如果有人能再度将之点燃，让和染再一次成为世界的焦点吧。

勿忘有着织染技术的日本。

启彰导读
织与染的现代环境议题

刚开始读者在阅读《织与染》这一篇时,可能会纳闷:织染与茶道有什么关联?其实在该篇,织物的重点在于纹样的呈现,精彩的纹样来自精密的规划与计算,工匠的纯熟技巧与努力,遵循一定的规范与接受不自由,最终回归自然的指引,这就是工艺动人的展现。而茶道礼仪正是立体的3D纹样,在去芜存菁的动作中谨守自然的法则。读者在巨细靡遗的说明中,更容易联结织物的平面纹样与茶道的立体纹样。

此篇中柳宗悦花了大量的篇幅详细叙述了日本各种织与染的技法,与工艺之美间的关系。篇末提及了化学染对传统蓝染的伤害,以及本染的草本染被安全的自然力量守护的状态。如果柳宗悦仍然活在当代,或许最关心的除了织与染的工艺之美外,还有环境与健康的危机吧,在此我整理出了今日织与染所衍生的刻不容缓的四个环境议题。

一是纺织原料的污染。首先是原料的环境污染,今日纺织品的原料组成,大约40%是棉花,60%是石油提炼出的塑料纤维，而塑料纤维的比例正不断增加中。棉花生产不仅因易受虫害需要大量的农药，还消耗海量的水。根据世界自然基金会（WWF）的数据，一件用棉做的T恤，其生产过程要用上2,700升的水，分量足够一个人喝上三年。塑料纤维则消耗石油，而石化工业是全球最高污染的行业。

接着是纤维的环境污染。洗衣服的时候散落在水里与排进海里的纤维，有着无法分解与易吸附环境中有毒物质的塑料问题，比起塑料容器与塑料微粒甚至更普及，也更难杜绝。英国普利茅斯大学（Plymouth University）一组研究人员花了12个月的时间分析家用洗衣机在不同的温度下，使用不同比例的洗洁剂清洗几种合成纺织品，结果洗衣机每洗一次衣服，释出近70万条塑料纤维到环境里。

而这些微纤维不只将其表面有毒的化合物带进废水系统，还会在水中吸收其他的化学物质。最近几年，科学家更发现鱼类体内有一部分的塑料纤维，由于这些纤维非常细小，它们很容易被鱼类和其他海洋生物当成食物，摄食这些微纤维的海洋生物，也吸收了附着在纤维上的毒素，导致这些化学物质最后转换进入生物的组织之中。随着人类食用大量的海鲜，谁都难逃塑料纤维的影响。

二是染料化学的危害。绿色和平组织（Green Peace）在2012年对20个时装品牌进行调查，在全球29个国家和地区采购141件服装样品，当中有89件衣服检测出环境激素壬基酚聚氧乙烯醚（NPE），占总数的63%，许多知名品牌的污染程度名列前茅。

NPE是一种广泛应用且具强烈毒性的化学染料，会使衣物更易上色，提高生产速度，并能残留在衣物表面。在清洗时被大量释放，随后排入湖泊、河流、海洋中。该物质随着食物链进入人体后，可模仿雌性荷尔蒙，干扰内分泌及生殖系统，影响男性性功能，并提高女性罹患乳癌风险。这一份报告引起了广泛的注目，并促使2015年欧盟成员国决议，禁止进口纺织品中含有有害化学物质NPE。

如今，纺织工业生产超过3600种染料。整个产业在染色和印花的过程使用超过8000种的化学物质。而纺织工业在制造的过程中消耗大量的水，主要用在染色和洗涤的过程。纺织工业每一年有将近20万吨的染料在染整的过程里流失，被排放到工业废水里。这些废水数量庞大而且成分复杂，且污水处理厂所面对的最大难题，在于移除这些化合物的颜色。不幸的是，因为染料在设计之初，就是希望能抵抗生物分解，这些染料的稳定性高，不受光线、温度、各种化学洗洁剂或其他的生活条件如汗水等的影响，所以他们大多数逃过污水处理系统，长期待在我们的环境里。

三是血汗工厂。今天的时尚能够这么廉价，是因为多数的衣服是利用发展中国家低廉的劳工所制造。这些血汗工厂的工人工作环境简陋、薪资微薄、工时长、缺乏安全知识及防护措施，过着危险而没有尊严的生活。英国卫报（*The Guardian*）在2016年以"昂贵的意大利制鞋产自东欧低薪血汗工厂"为题，揭露了许多公司钻外贸加工法律的漏洞，将一双鞋分成几个组件，送到低薪的经济体进行缝制和组装，再以免税的方式进口回原国家，然后将最后的成品标示为该国制造。该报告是由数字欧洲人权团体的研究人员，访谈了东欧12家工厂的179位劳工后完成，其中阿尔巴尼亚的工人时薪只有人民币4.5元。

四是快时尚的引诱。紧抓潮流与平价的快时尚，随着各个世界级品牌如Zara、H&M、UNIQLO等的崛起，已让衣服成为"抛弃式"。绿色和平组织指出，从2000年到2014年间，成衣生产增加了两倍。2014年产量突破了1000亿件，而相较于十五年前，每年每人平均购买衣服增加了60%，但保留下来的衣服却不到一半。

快时尚在商业的刻意操作下，使得大家追逐时尚潮流的周期缩短，并让有些人经常疯狂抢购限量版。许多衣服超过一年就嫌退出流行，加上越来越低的购衣成本，加速了更新衣柜的速度，使得大家太随意购买又太容易丢弃原本就不需要的衣物。快时尚巨头H&M甚至被发现自2013年起，平均每年在丹麦燃烧近12吨的滞销衣物。当商业的发展以大量消耗地球资源，与大面积污染环境为手段时，商业行为成为地球的浩劫。

我们能做的虽然有限，但在可能的范围内，尽量购买天然植物或矿物染的纺织品。珍惜衣服的使用，把衣服穿久一点或利用新兴的旧衣染色的服务。控制衣柜内衣服的数量，利用二手衣或买真正需要的衣服。为了环境的永续，大家最终需要的是建立一种属于个人的审美观，穿出自己的风格，拒绝流行时尚的牵引。

拾壹

「茶」之病

然而「道」是至道，
并非哪位茶人都能轻易近身有成。
越是道越是深奥玄妙，
不可能随随便便就能理解。

一

　　赞美茶道的文章多如牛毛。其中令人心醉的记事更是数不清，但是批判茶道的文章却意外地少。有一些是谩骂的文章，与心醉的内容一样，不能称为具有批判性。近期历史性的资料很多，与利休相关的基础史料的搜集，与茶室相关的调查，还有直至今日的学术资料的整理。这是可喜可贺的事情，但这些材料称不上代表了充分的批判。从最开始的对利休无条件表示感谢，到大多以为只要是老的茶室就是美的。所以与茶道相关的一切，仍需要增加更多的考察。我所看见的部分是，茶道的历史是功过参半的。尤其是近几年，茶道越发风风火火，弊害越发显著，也就更需要辨明是非与理解缘由。

二

　　谁都把"茶道"挂在嘴边，今天"道"到哪里去了？充其量不过就是"茶宴"吧？东洋人总是强烈地想把艺提升到道的层次，弓术成了弓道，剑术成了剑道，花艺成了花道，相同地，茶宴升华为茶道。艺追求到了极致必然成为道，要成为道就需要集艺之大成，如此一来当然要标榜"茶道"了。然而"道"是至道，并非哪位茶人都能轻易近身有成。越是道越是深奥玄妙，不可能随随便便就能理解。所以今天流行的，充其量只是"茶宴"，还不算贯彻了"茶道"境界的"茶宴"。担任茶的家元¹或老师的人不少，说他们最多是熟稔茶事的人并不为过，我不认为他们能将茶道礼仪的演绎提升到"道"的境界。

当达到道的境界时，就如同禅说的那样，总是以"禅茶一味"来说明。我真诚地认为必当如此，"茶"越与禅相通，普通人就越难靠近。很辛苦地参禅的人也一样，面对的是难以简单开悟的禅境。所谓的野狐禅²居多，从古至今并没有改变。如果是茶人，谁都以为自己能理解禅意，说是愚蠢的自大也不为过。"茶"中越是有"道"必定越是似懂非懂的茶。今天无数的茶老师当中，有谁能解读禅茶一味？能有什么指望吗？原本禅录里的内容就无法很好地被理解，或无法读取真意。就算读了不都是不了解的内容吗？不能说茶道等等是荒唐的，有许多更谦逊而深邃的茶宴是存在的。而这个茶宴也是，不是有着许

1　家元：本来是指在武士社会中，各血缘、宗亲中的本家（正宗）的意思。但是到了近代封建社会，其意义演变成各宗派的本家或其掌门人的意思，更涵盖了插花、茶道、日本国乐、歌舞伎、能剧等几乎所有的日本古典演艺。

2　野狐禅：指参禅的人未悟道却自以为悟道。

多怪异的部分吗？ 茶人们看似非常熟练的点茶，却茫然于应该
成为怎样的茶人。我所看到的点茶样式，各自表现得非常阴阳
怪气、做作及装腔作势，我不得不去思考该如何彻底洗净这些
大量残留的糟粕。

对于年轻的女性而言，值得将茶宴作为一项才艺去好好地
学习，但如果熟悉了茶道礼仪后就相信自己是位茶人，那真令
人难以忍受。道是更加严苛的路径，是深奥而玄妙的形态，并
非轻而易举的修行，特别是针对心的修行尤其必要。只是点茶
的动作很熟练，可什么都算不上。此时如果受到不足取的老师
的认可，道就会更加紊乱。在茶会中竞艳的年轻女性所穿的华
丽衣着，根本与"闲寂茶"的风景相距甚远。

三

"茶"的世界中有一件最尴尬的事，是在茶事里一旦成为熟
能生巧的人，就会自认为已经是够格的茶人了。"茶"有茶室、
露地、道具、动作，关于其他琐碎的约定都是在莫名中形成，因
此他们会以熟知这些细节的来历、样式等而感到自豪。由于能看
见那位具有相当魅力，无论谁都想成为的擅长者；再加上在听到
巨细靡遗的规则后心生佩服，会觉得自己已经领悟到茶道的奥
秘；然后在茶事中成为熟能生巧之人时，就认为自己具备了茶
人的资格。这样的人精于雄辩，而且说唱俱佳，虽说他们通晓
事物却没有立刻成为茶人的资格。知识的搜集是无法立即转换

成茶道的透彻理解。本质的东西，不能单凭知识来掌握。这与宗教相关的信仰一样，就算对于教义能倒背如流，也未必能直入信仰的奥义。对伦理学熟悉的人，也不能称之为道德家。这两者的关系不是相同吗？这也是茶事中熟能生巧的人的通病，骄傲的人居多，且不吝于侮蔑他人。"茶的相关问题非得问我不可"，这样的歪风是很要命的。到头来这类人不但不能成为真正的茶人，说是浅薄的人也不为过。真正的茶人骨子里透出一股淡然的趣味。具备多少知识都好，但有知识的人总是栽在知识里，结果难以提出知识以外的见解。在茶中成为熟能生巧的人，如果能心生警惕还好，因为沉溺于其中的危险性会大增。如果成为熟能生巧的人，就会在自恃渊博的轻浮里打转。在这类游戏里是没有茶之道的，最好具备更严格地批判自己的态度。谁都能轻易地染上熟能生巧之人的病。熟能生巧也无妨，但要是被熟能生巧束缚，失去了心的自由，是身为人的堕落。毕竟"茶"与人的恬淡和内涵是有关的。

四

茶人是风流的人。住在风流世界里，和不知道风流是何物的人相比，确实是别有一番天地，这类人的存在成为一项价值。然而风流也有许许多多弊端，不得不留意。风流的境地是个何等脱俗的场域，那绝非精打细算的生活。风雅生活的某部分是远离利欲，因为不落俗套，所以有着就算被崇拜也无妨的心境。但是说风流并非流俗，却倒也未必。至少一旦佯装成风流的样子，或有意识地摆个风流的架子，就会被认定为令人嫌弃的人，或是俗不可耐的人吧。风流的人一副道貌岸然的模样居多，只是一旦显露出来就玷污了风流了。风流的人是不能够自以为是的。

在俗世里出淤泥而不染，在人间悠游于悠悠天地的才叫风流之人。风流之人必须是一位完全忘却了自己是风流的人，如果意识到风流而停驻在风流中，这类人并非真的风流之人，执着于风流的人只不过是换种方式的庸俗。今天的茶人们，身为茶人的意识、身形与做作实在过于刻意，使得他们难以成为茶人。不是茶人的茶人，与不是风流之人的风流之人，又何其多呢。因此不可思议的是，茶人中有这么多俗人，在茶的腐臭里滞留的似是而非的茶人不知凡几。真正的茶人是脱俗的，也不会装成茶人的样子。装模作样的茶人是很苦恼的。不，这样的人是连茶人的资格也没有的。真正的茶人是更寻常的平常人，说是因为生活在寻常的境遇里所以能成为茶人也可以。在"茶"中停滞的"茶"，本来就不是"茶"。执着于如何成为茶人的茶人，是无法成为真的茶人的。今天的茶人，能行那淡定的"茶"的又有几人呢？所以真正的风流之人非得是不装模作样的风流之人不可，这样的意义下反倒是指能超越风流的人。禅语中所说"不风流处也风流"正是如此吧。在无事的心境中安住的人，才能真正称为风流之人。

五

与此事不得不一起反省的是，爱好茶事的人中，沉迷于茶的人非常多。沉迷就是耽溺。从某种意义去理解，接近耽溺的热衷也有一定的优点吧，只是一旦耽溺就与茶之道渐行渐远，什么都成就不了。沉迷最大的弊端是在"茶"中将自己束缚，在此之外陷入什么都做不了的不自由。我所认识的对"茶"取巧的人，有的因为耽溺于茶而对器物的见解完全失真，而且不只是一两个人而已。"茶"是在美的境地里，且能在茶里探索更多关于美的未知，相反地因此失去能看见美的自由之眼的人不在少数。导致这般结果的简单理由，是因为见解在"茶"中被束缚住了。真正的"茶"应该是见解的释放，如果沉迷于"茶"就被"茶"囚禁了，陷入泥沼里极端不自由，也可以说戴上了有色眼镜，却看不到其他的颜色。茶道的立场本当舍弃对于颜色的偏见，但自己却筑起了"茶"的高墙，结果坐困墙内，想探探外面的世界却无能为力，想走出去又走不出去。自由应当是茶道见解的本体，却在"茶"中作茧自缚。因此见解狭隘偏差，双眼难逃污浊。是以耽溺于"茶"的人，陷入了错过真的"茶"之美的矛盾里。这是不可思议的悲剧。在"茶"中滞留的人，却没有一人能看得见器物。如果失去了自由，就不可能正眼端详器物。沉迷于"茶"中的人所看见的美，只是被曲解的美。禅所教谕的无碍，与茶道所宣扬的教诲并无不同。因此称呼他们是沉迷于"茶"的人、扰乱"茶"的人、

背叛"茶"的人，或粗浅理解"茶"的人也可以。无法突破
"茶"的桎梏的"茶"，被"茶"束缚于"茶"里的"茶"，
这样的"茶"并不是"茶"。执着于禅时，是远离禅的。
"茶"在"茶"里被囚禁时是没有"茶"的。无碍地活着的时
刻，"茶"才开始达到道的境界。

六

　　"茶"始终与礼紧密联结。"茶"与法则的交织使得自
身成为茶道礼仪。礼是法则，是形式，也是型。点茶一旦适
从了法则，动作便能精炼并省略一切的累赘，真正达到去芜
存菁。一旦结晶形成了，自身的型就产生了，也就此诞生了
茶道礼仪。

　　茶道礼仪可以说是动作的形式化，形式这样的表述容易招
致误解，因此我常常以"模样化"来称呼它。"茶"的型是动
作的模样化，模样是东西的姿态经由长时间酝酿后淬炼的形，
也就是单纯化、成分化后的东西。这些成分要素一旦被强调、
被呈现出来，便会产生自身的模样。"茶"的动作是一旦元素
被还原了，"茶"的型就诞生了。所以说只要去掉了型，茶道
礼仪就不存在了，无论如何这是必然的。这个型虽始于茶祖，
但因不同人的理解，而产生了不同的流派。

　　只是在此如果对型的性质没有充分地认识，就会陷入极端
的谬误。型也可以称为定型，一种被决定的样式。但是实际上

这个样式的必然性有一定的导向，并非对形不合理的整理。将动作还原到去芜存菁的本质时，就会收敛到一定的型。所以，与必然性分离的型，并非真的型。型反而是当然的东西，必须是无论如何自身应持有的自然性。因此当背后的某种自然性失去时，型就会陷入单纯的形式，而悖离了自然性。如果执着于形就会落入不自然中。型在静中存在，但是别忘了静是在动中酝酿出来的。如果缺少了动，静就只能单纯地停止甚至枯死。这便是茶道礼仪的难处。自然与不自然，在型中就如同背对背的关系，也如同一张纸的差距，但却像是天壤之隔的距离。

茶宴的学习是从型的学习开始。又因为依型而教学，所以传统得以承袭，所以说型是严格的。点茶的学习与学会动作的型相关联，开始时不习惯、笨拙是当然的。顺序错误，肢体僵硬。只是这些部分，不论灵巧或不灵巧，谁都能依据型不断练习直到学会。但问题是这个型，该如何与原来的哪一些必然性相联结。

遗憾的是，看到所谓茶人的点茶，只为了展现型而充满无谓的动作。型超出所需，结果会夸张到失去意义。所有的型都各别强调着某种意义，也可以说型的动作中包含"吹嘘"。然而这样的虚假有限度地表达了真实，是具有存在理由的谎言，而非单纯的"吹嘘"。只是这样的夸张一旦跨越了度，就与真实背离了。这样一来就破坏了必然性，并坠入不合理中。型是有限的必然，但并非徒劳。然而这么明白的道理，在今日是如何被视而不见的呢。

我们常常在无意义的动作中相会，有时会在做作的型里相会，有时会在令人不快的夸张里相会，有时会在装腔作势的演出里相会。例如在洗涤茶筅等时刻，常常看见动作上夸大而无意义的形。远州流等所谓的典型，已忘却了型的意义，这样的弊端清楚地显露出来。这类无益而刻意的夸张，对"茶"而言无疑是一门邪道。我们应当让型能回归到自然。型是无法由外接收的，必须是由内的表述。只从形来接近，而忘却心的话，就不是真的型了。"茶"是不能坠入形式的"茶"。原本的型不是单纯的形式，如果只有形式就是死的型。重要的是绝不能犯下谋害型之心的罪行，流于形式的"茶"将成为丑陋的"茶"。

七

茶人们喜好铭[1]，这里所谓的铭通常有两种意义。茶人所赋予茶器的一个专有名词，以及器物上被标记的作者名。茶人给予器物一个铭（图❶），以此名称之，倒不是什么坏事，还带来与其他品项区别的方便。然而这类赋予名称的方法绝不代表所有的器物都适用或都是美的。以人名来命名是最安全的，例如井户茶碗中有以"喜左卫门"，或者"坂部"，或者"宗及"来称呼的。稍微陈腐的有赋予"夕阳"，或者"残雪"，或者"七夕"等诗名的茶器。可是当中有"蜷缩"，或者"寂助"的器物，铭成了一种落入游戏的趣味。一般茶器上这类的

---

1 铭：金石、器物等作品上，书写或刻有作者的名字，也可称之为落款。

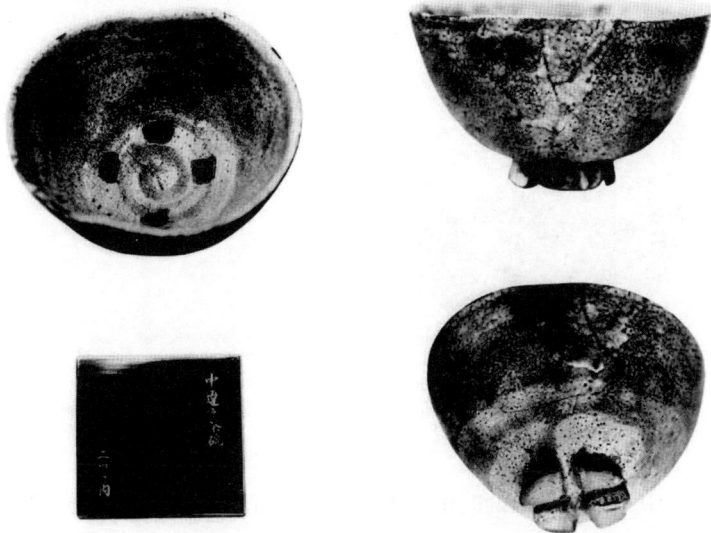

❶ 高丽茶碗　铭　中违

铭很多，大多像是一种随想的俏皮，而非感动下的灵感。这类命名的方法，就像是叙述"茶"的历史，浮现的是对应到当时"茶"的内容。如果对这些铭调查与分类，根据时代的顺序排列，一定得以窥探各个时代"茶"的风潮，但说这些记录会暴露堕落的轨迹恐怕也不为过。必要的话，还是以持有者或地名来称呼比较安全。

　　谁都知道人们有重视某些作者名的习惯，仁清（图❷）或者道八或者了入，还有很多其他广为人知的名字。又，无铭的

❷ 野野村仁清作 "罂粟模样壶"

器物中考证作者是谁的也不少，再加上口耳相传是谁谁做的就更多了。不论如何，有铭的器物会以高价购入成了一种习惯。但是，谁都知道"大名物"中大部分的作者名是没有记载的，是谁做的一无所知。个人的名字对该物品而言一点都不重要，这样的器物是非常出众的。以前的茶人们不是这么说的吗？有没有铭一点也不是判定茶器好坏的第一条件。实际上有许多无铭的作品远远胜于有铭的作品。有款的茶器在历史的长流里，并非难能可贵的美的保证。

其他文字上的根据是箱书，不仅仅有作者的名字，还让人对于有名茶人的题签或评价感到喜悦。因此为了家元的题字，不惜重金购入。这类的题字，令人联想起一种情操的诱惑。谁谁曾经持有等这类对于传承的尊崇，有着格调高雅的触动。但是不得不注意的是，因这类的箱书而喜悦的，与因里面的器物之美而喜悦的是两回事。如果有箱书，就直接相信这件器物很好；如果没有箱书，就总是觉得器物哪里不完整。又，仰赖箱书才开始看得到器物，如果没有就对器物的良莠感到不安，甚至没有箱书就不屑一顾，说是一种弊端也无妨。喜好箱书是无可厚非的，但是对箱书的执着高于器物本身，不但看不见器物，还只把箱书当作主体，是心极端无所依靠的表现。早期的大茶人们并不依赖箱书等物，这些东西是可以再追加的，它们的价值是能直接从器物的整体来观察。

像今日这般为了箱书宁可让看得到器物的眼污浊，结果器物越发看不清了。所以最重要的，首先是直接地观察器物。不依赖箱书而直到看见器物之后，才开始了解箱书是最为合适的。万一先关注箱书，在观念上会有先入为主的偏差，如此一来就无法直接看到器物了。就算没有箱书等信息，充分地看得到器物是必须的。换句话说，看之眼才是权威所在，箱书所代表的权威并非绝对。但箱书之类可以弥补眼力不足处的信息还是很多。

所以箱书在"茶"的历史中，可以说是对眼的遮蔽。这样的东西并非至关重要，因为对器物的直接接触是必须的。我所思考的是，自早期的茶器以后，眼识的水平逐渐下降。因为太过沉沦于箱书与铭，以致直接看到器物的习惯丧失了。如果代代的茶人们都能直接看到器物，将会成就茶器历史的极大发展，毫无疑问地就能选出许许多多与"大名物"匹敌的新大名物。而今无法达成的理由之一，的确是因为停滞于箱书与铭，茶人们务必直接地看到器物。本来之所以称之为茶人，不就是因为具备这样的功力吗？如果舍不得铭，就会成为茶人们的枷锁。铭与箱书有也是好的，但因此被绑住就真的太窝囊了。

八

有茶宴的地方一定有茶器相伴。在制作、贩卖、使用、享受之下对茶器数量的需求上升了。然而如果对于种类与数量有相对的质的追求，究竟有多少器物能符合与留存？茶宴始终对名器有所需求，并且会给予某些器物"名物"的地位。接着赞许它的美，并详细地叙述它的性质。今日出版的书籍中，图谱类的不是只有一本两本。名器之类的器物，被清清楚楚地展现出来。而且身为茶人的人们对"名物"的辉煌历史比谁都有更彻底的了解。

然而不可思议的事之一是他们出席茶会时不发一语，这是因为所使用的茶器没有一件是像样的。偶尔就算周遭都是名器，但因同时与无趣的品项一起使用，让人难以压抑失落。为什么茶器会如此低俗？为什么我们会毕恭毕敬地使用这些器物呢？难道说这是近代的正常趋势吗？最停滞不前的是透过如是的眼力，连一大堆难以搬上台面的器物都去珍惜。为什么会落到这般田地呢？

我曾与许许多多茶人会面，也偶尔受邀参加茶会，从茶人之眼的角度还未曾邂逅过能让我敬佩的茶人。不论在哪里或谁出席，有家元称号的大家也一样，实际上眼力都很怪异。陈设得很亮眼的茶会也一样，这些重要的名器与无趣的品项一起混杂展演，像是被狠狠地耍了似的。我不认为一定得陈列"名物"，才会是好的茶会。不太为人所知的无铭茶器，只要能透过逻辑清晰的选择标准，就算未持有著名的茶器，也能够举办成功的茶会。无奈大多是标准不一的，甚至还有荒唐的物件出现，这正是眼力不足的证据。

因为是茶人所以能够承担责任，有这样的矛盾当然是可笑的，实际上盲目的茶人相当多。如果看到他们所使用的茶器，就会越发感觉到世界末日的来到。为什么眼力丧失到这般地步，其实眼力的衰败是早已发生的，如果看到所谓的"中兴名物"等的话，是如何地有损这些当代茶人的颜面啊。

大体上茶宴就是将心置入到茶器的仪式，这样慎重处理的风俗习惯，我认为是非常好的。对待器物异常地亲切，茶人绝对不会粗暴地对待茶器，单单这点就是茶宴的一件大功德。然而在茶室里对于大家向御茶器参拜的场景，我总是感到厌倦。好的品项出现时，人的眼会有一倍的清醒，但可惜的是品项都很无趣。箱书、说明文件等故弄玄虚的附属材料很多，连令人好奇"这是……"的器物几乎都遇不上。对这般东西刻意而毕恭毕敬地参拜是很没意义的。然而当今的茶人们刻意地使用出色的名品，就是因为觉得好所以想拿出来使用与展示。正因为是茶器，所以会由于值得欣赏而拿来使用，这也是因为对某部分的雅致有着认同的情怀吧。然而这些所谓的精彩处却是不入流的，对我而言反而是困扰的。点茶的练习固然重要，今日"茶"中更重要的不是眼力的修行吗？把丑陋的器物当作美物，让茶宴令人扫兴。

九

当初我以《心念茶道》一文公之于世时，我的见解太过注重器物，所以遇到瓶颈。原本某个人就没鉴赏力，但我会想，对这个人来说，茶宴毋宁是让心能悠游于天地之间，就算所使用的器物是平凡的，只要能够品味到"茶"之心即可，这样就足够。因此器物绝非一流的不可，就算看不见茶器的好坏，也能够称为茶人。

原来如此，就算能够确实看得见器物的美，也无法立刻具备茶人的资格。又，在考究的茶室里使用着具有相当水平的茶器，也不会立即符合好的茶会的标准。有时在粗鄙的陋室里用着现成的茶器，来享受"茶"的片刻时，反而更加能够活化茶之心。无论器物如何齐备，单单如此并无法成就好的"茶"。因此什么器物都好的说法，与真正的"茶"距离遥远。

茶最开始被当作药来饮用，只要达到原本饮茶的目的，用的是怎样的茶碗是次要的。然而这只能算是单纯的饮茶，光是这样绝无法成为茶宴，更遑论茶之道了。茶宴不单单是品茶，也能参与品饮过程，还能享受茶事，在装潢讲究的茶室让人有饮茶的念想，如果再能逐渐地升高茶宴的层次，便可据此从自身开始舍弃不相称的器物，而仅挑选合适的东西。

本来只是为了饮茶而挑选的器物，现在反而成了是器之美诱使人们起了饮茶之心。我想说的是，虽说茶召唤了器，器则更深一层地召唤了茶。老茶具台的使用，成了茶具台之美对"茶具台之茶"的召唤。如果没有被器物的美打动，是茶宴还未纯熟吧。平庸的或是丑陋的器物，能有被选为茶器的机缘吗？"茶"在美的世界里占领了该场域，因此茶道成为可能。器物的选择是深入美的世界里探索的结果，就这样越美越发让茶宴成为真正的茶宴。特别是当提升到道的层级时，器的美感已经不得不接近于合乎道的高度。所以茶宴与美的器物，早就无法分开了。

因此对器物之美漠不关心的人，欠缺事"茶"的基本资格。对于茶器变成什么样子毫不关心且坚持己见的人，是因为不关心美所致。不去选择器物，是宣告自己并未具备识别美的眼力。对于有鉴赏力的人而言，什么器物都是好的这句话，肯定是不会说的。茶器的选择从器物的取舍开始，然而至少热衷于"茶"的人，是不会冷落器物的，因此并不会引起多大的问题。在此之外茶器中另有纠结的病症，在此可以举出两类重要的范例。

第一是，一边选茶器，一边使用错误的选择方式。一边描述好与坏，却一边在判断中出错。因此常常发生本来丑陋的器物却认定是美的，而美的器物却不当作是美的来理解。会有这样错误的判断，是对于错误的自觉力不足所致，所使用的器物必定如同玉与石一样混淆不清。不，是玉与石的差别无法判断。归根究底是具有正确且敏锐眼力的人没有出现。即使对茶器充满了敬意与爱意，却认为丑物不丑的，不就等同于认为美物不美了一样吗？索然无味的物件却让人热爱不已，又有什么意义呢？如此一来，对美物就算热爱却并未理解到位。令人困扰的是这些人自信爆棚到无可救药，明明不了解却还一副了然于胸的神情。遗憾的是茶人是被赋予任务的人，但不犯此病症的人却很少。在多数场合里茶人们的选择总是暧昧不清。

但是与器物相关的还有第二个病症。早期的茶人们想出了个方法，是对于名器特征的计数与列举，并决定了它们大致的型与寸法，后代的茶人们只要依此便能对茶器进行价值的判断。也就是说在"茶"中所选得的佳作，只需遵守常规的约束即可。换句话说不符合"名物"的型的东西，就不具备成为茶器的价值。进一步说在这个型之外的东西，就能认定无法成为茶器了。之前所列举的第一个病症是"选择的暧昧"，第二个是"选择的狭隘"，因此观察的眼因有所局限而不自由。如果放纵了眼，选择就会紊乱，相反地如果拘束了眼，视野就会狭隘。前述仰赖箱书的病症就是其中的一种，早期的茶人们拥有从杂器当中选出茶器的自由。这里所说的见解并非受到束缚的型，美物以美物的姿态被接受，这种自由的接受方式实际上是出色的，被选择的器物成为美的典范。但是早期的茶人们绝对不会说，在此之外的器物就不是茶器了这样的话。事实上在后世出生，特别是现代出生的茶人们，相较于早期的人们往往更受到今日环境的庇荫，而比他们更有机会在周遭遇到许多品项。今日对我们而言必要的，是自由见解的二度复苏，如同茶祖们所拥有的自由一般。他们之所以能欣赏美物的美，并非因为符合型才认为是美，因此原来并非茶器的器物能成为茶器，在这样的意义下他们成了创作家。真的茶人常常必须具备成为创作家的资格。如果每一代的茶人们都能成为自由的主人，名器的数量不知会如何增多，种类也得以增添不少吧。

眼里如果有自由则何处都能有想要的器物。今日多数的茶人们欠缺这样的自由，也不想拥有这样的自由吧。且后辈只重视型的传承，因此后代的茶器中精气神逐渐消亡。对茶器而言不间断的成长是必要的，为什么今天的"茶"对这样的成长反而变成了一种妨碍呢？

✚

茶道礼仪中应当没有贫富的差异，贫穷的人也能培养对"茶"的嗜好，不论谁都能被允许参与茶事。不，应当说从有茶事以来那就是个公有财产，但是事实上如何呢？

与某位对茶事非常熟悉的学者会面时，提到怎样的"茶"在"茶"当中是最出色的。我依旧提出我的看法，说禅宗所说的"无事"的"茶"、"平常"的"茶"才是茶的必然理念，但这位学者并不认同，反而说"绚丽的茶"是茶事的极致。对此我有点讶异。"绚丽的茶"是什么呢？虽是有点难以理解的语言，总而言之是指将著名的茶道具准备妥当，在相当华丽的茶室里进行的茶宴。我记得当时这位学者，受到了一位有钱的茶人的大肆赞赏。

记忆中这个"绚丽的茶"是除了有钱人以外不会进行的。早些时日听到的是至今约十五年前当"绚丽的茶"举办时，最少需要50万日币的财力赞助。这是茶室、茶器、料理等全部都包含进去的吧。特别是加上"名物"等的器物，以当时的市价概算大概是不会错的。如果以当今的价格来换算，十倍是500万，百倍那就是价格5000万的茶会。如果这是"绚丽的茶"所无法回避的特性，那会是只有有钱人得以举行的茶会，贫穷的民众无缘参与。如果整场全部都是名器的茶会，虽然并不是什么了不得的事，但这类的茶会是最好的吗？

我的想法是，在这样的茶会中，财力垄断发言权，而非让心之力主导。因为有钱而持有器物，并不能保证这样的人对于"茶"能立即理解到位，也不意味着能立刻成为有眼力的人。不，大多数的场合里（虽不能说是全部的场合），足以成为有钱人的，与足以成为真的茶人的特质，还真的有许多难以两全的地方。要耶稣允许有钱人进入天国，是比骆驼能穿过针孔还困难的吧。对于富人而言，为了成为富人所需的强与弱是纠缠不清的。前者拥有物的境地的强大，而后者则具备心的世界的柔软。有钱人要成为清净的人是有相当难度的，因此就算要贯彻茶之道这般精神的特质，却总归是无缘的。如果出席有钱人的茶会，那种财大气粗的摆设，与花哨的使用方式，使涩味容易消亡，况且不论何种财力的夸耀意图都是显而易见的。又，一旦见到号称伟大的做法与说法，则容易令人生厌，与淡泊明志的心境相距甚远。为什么会变成这样，我认为第一是因为以财力为基础来举办茶会。具有财力并不一定是坏事，然而如果成了最主要的基础，便终究无法期待能出现深度的"茶"。有钱人的"绚丽的茶"是大多数坠落于财力与权力的"茶"，这样的"茶"不可能返璞归真。

在此见到的一件令人厌恶的事，是茶人与宾客如此纠缠不清地对有钱人谄媚，不论是多么了不起的"茶"也都这般不堪，只能说有钱人对于阿谀奉承的人太具有吸引力。常常出入旧货店等的人，容易表现出这样的性格，如果说这种现象完全是由于金钱的力量伴随的宿命也可以。"绚丽的茶"只出自有钱人之手，与成为深度的茶会是无缘的。至少如果没有巨大资金赞助就不能举办的茶会，说是茶人自身的弱点太过导致的也可以。太合的金色茶室，与所用的黄金茶器，还真是可悲啊，这是像他这样的人悲哀的一面。很久以前在美国举办日本美术展时，展出了从日本来的一整套的银制茶器，而似乎成为对方嘲笑的题材。展品就是展品，对于刻意选择这样器物的官员的愚蠢，真让人不得不厌恶。

本来如果贫穷到了极致，"茶"会变得困难，但就算是普通的庶民，也应当能充分地实践出好"茶"。如果什么名器都没有，不能说就无法行好"茶"，一旦有好的眼力，就能从无铭的器物中，充分地选出佳作来。如果能深化于心，就能借由朴素的"茶"，来充分地享受那浸润在"茶"世界的时光。

"茶"是人的阶级无法左右的东西。生活过得还算可以的人，反而能被境遇所嘉惠。比起生活奢侈的人，无力奢华的人能过着更幸福的生活。奢侈将伴随着许多危险，"绚丽的茶"反而难以成为出色的"茶"。所以更为本当如此的"茶"，才容易展现"茶"的光辉吧，财力常常成为让"茶"污浊的力量。虽不能说有钱人一定无法成为好的茶人，但事实上却有相当的难度，结果很容易成为一个俗人。风流的人对于金钱是恬淡的，至少并不依赖金援。茶人必然有一些脱俗的特征，让茶人与有钱人之间失去联结的必然性。

如此一来，将来的"茶"不就是应该宁可让"茶"从财力中解放出来吗？最好要知道如果在"茶"中只期待"绚丽的茶"，就难以成为深度的"茶"。"茶"应当是更自由的，在普通的"茶"里，充满诚意的"茶"是可能的。"茶"也希望成为"民众的茶"。

名器的高价是当然的，这样高价器物的使用资格，无可奈何地需要财力的加持，名器受限于它是著名的器物，所以遭逢这样的不自由。有幸的是，早期的大茶人们看到却得不到的美器，这个世代还有很多。如果具备选择的能力，那么便宜地入手与名物匹敌的佳作，就不能说是难事了。相较于财力，眼力一直是更优异的技能，它能在财力无法发挥的范畴里起作用，如此一来得以充分地从过剩的奢华中拯救"茶"。因此我认为适度的富有就好，适度的意思是指最普通的程度，就算失去了现有物质的余裕，心的余裕还是能将之补足。如果根本上过于贫困，心的余裕还是会闭塞的吧。这样的不幸使得与"茶"的缘分变得疏远，正巧与太过有钱而玷污了"茶"相同。对于什么阶级的人"茶"都是可能的，中等的人是受惠最深的，表示大多数的人与"茶"有着深厚的缘分。"茶"无论如何是一般人的"茶"，如果不能成为有钱人则无法行的"茶"，或认为有钱人的"茶"是最出色的"茶"等都是极大的误会。一旦成为有钱人，便难以进行真诚的"茶"，这点必须认知清楚。茶境与简单朴素的德结缘甚深，让奢华与这样的德一致是困难的。万一有钱人中有优秀的茶人，是不会让"茶"委身于财力的，财力就推迟到次要的位置吧。当"茶"成为"茶"时，存在着其他更重要的东西。当依赖财力的时候，最好觉察到"茶"的病症。

十一

生活在民主主义的今日，最受到诅咒的就是封建制度。虽不能说封建制度里一切都是坏的，但它造成了众多的弊害。不过就算再怎么拥有除旧的企图，也仍能感怀其中的历史意义。所幸在许多争论中这些利弊的焦点虽然模糊了，当中仍能发现对于旧习的固守。横行于日本社会的有两件事，至少我们可以说这两者是封建制度下的典型产物。一件是真宗本愿寺里见到的，以东西大谷家为中心的佛教制度。另一件是家元制度，特别是以表里两千家[1]为中心的封建制度。与前者相关的可以做各别论述，这里论述的对象只与家元相关。今日的茶宴，是不可思议的家元中心主义。家元就宛如茶界的王一般呼风唤雨，这样的存在是带有极端贵族般的封建社会的性质。为什么家元会这般受到尊重呢？因为是千利休的后裔所以受到尊重，这样的道理说不通。脉脉相传地继承了这样的传统，因为有秘传的承袭者所以受到尊重。在茶事中有熟能生巧之人，所以好的茶室与好的茶器能有所传承。又，在此点茶的型能很好地被保存下来，这是在其他地方所没有的。

　　佛教与家元有一个共通的特质，就是代代世袭制度。但是谁又能保证世袭的人是比一般人更为妥当的茶人呢？事实上这根本性的不合理，是世袭制度潜在的问题。为什么家的继承者，说起来未必是最合适的法的继承者，当中就只因诞生于千家，便会教授其处世之道的茶？其中也会出现不理解"茶"的人，之中也会发现对于美完全盲目的人，更何况是出现完全不了解禅中深厚的茶道的平庸继承人。绝不能说在千家里诞生的人全数是第一流的茶人，不，大茶人是不可能常出现的。如此一来对于家元的莫大尊崇，不是很可笑吗？无视这般明明白白的事实，我认为把家元如同神一般地供奉是因为别有用心。在此看见了封建制度的典型弊害。

1　千家：指的是传承自千利休嫡系的三千家，包括里千家、表千家、武者小路千家。

有趣的是"茶"是有许可证的。想要成为一个像样的茶人，还能教"茶"，就不得不借由客观的资格来发言。这个客观的保证以"许可"来称之，这个权限由家元所持有，这个让人持有许可证的权利以家元来称呼。所有千家的继承者不应当本来就有这个权威。依照前面叙述的名与实，没有茶人资格的俗人，也有继承家业的权利。这个例子中让继承者持有不相干的权威，为什么会如此呢？

依照现状来看，可以说这几乎支撑起了整体的经济结构。家元以颁发许可证而生活，领受方因为领取到许可证而能让生活自立。如果未持有这个权利，就不会有人安心地来学习。若要以茶人的身份支撑生计，家元制度再怎样都是方便的。也就是说，成为经济上互相寄养的制度。这样一来就出现了许多弊害。

家元的建立就是自我地位的建立。家元方面活用了这个制度，并借由一切的机会图谋收益。除了茶会中要求高额的会费之外，箱书或鉴定，依据所对应金额的高低来差别计价。像是从前基督教贩卖赎罪券的模式一般，今天的许可证也陷入了类似性质的状态。连地狱的判决都要看在钱的份上，那今日的茶会中金钱的力量，不知有多大的效力啊！

千家里有十职，让他们进行茶器的制作，在今日称之为经济上完全的互惠关系也不为过。这并非匠人们因独创的工作所开拓出的名声，说是将十职作为广告牌以招揽生意也不为过。今日所见到的作品，老实说陈腐的创作占大多数。像是完成某种独占企业体的产品后，在无聊的创作上添加箱书并夸大其事。然后促使十职作品的使用者，对还像样的茶人保有存在的认同。像这般名不符实的不合理还能在世间横行的缘由，全都是从经济的理由来说明，别的道理是说不通的。因为如同前述的，千家的人未必能成为大茶人，十职的人做梦都未必能成为名工。实际上茶人很可疑，而身为工匠则愚蠢可笑的居多。例如像是今天的"乐"，事实上是令人厌烦的平凡之作，却被哄抬到极其高价，除了是不可思议的诡计之外没有别的。千家与他周围的人，建构了利己的权威。让茶道依存在这样的组织是好的吗？

茶道不得不尽早从这样不合理的封建制度中解放出来。我所思考的是，如果还希望家元制度能够持续下去，则需要中止世袭制，并严密地选择后继者，家元的继承最好从一整代的茶人中选定为宜。又，十职也是，最好让有能力的人推举以替代原有的制度。若有名实能相符的人，往后都将后继有人。家元必须具有更实质性的权威。不一定要以金钱来做许可证的买卖，而是只对能实质体会得到茶精神的人授予证书。谢礼与不当性质的收受不是必需的，今日许可证的领受者、贩卖者、购买者实在是太多了。这些都应该要更严格把关才是。

以前盘珪禅师以一般庶民所谓的"家常话"来说教，对于应当继承法的弟子僧侣们，所给予的训育是极为严格的，没有任何姑息的空间，因此禅宗的命脉得以保存。本来禅宗法嗣的遴选就是严格的，绝不会依赖世袭等的制度，身为弟子单单想要进入寺庙已经不容易。这在茶道中也是适用的，以金钱交易许可证这样缺乏见识的行为是不正确的。家元必须熟读道元禅师的《正法眼藏随闻记》这类书籍以自戒才是。

又，学习的一方，不管是对家元或是什么样的大人物也好，必须停止不断地卑躬屈膝这类没有见识的姿态。又，不应该满足于金钱可以买到任何东西这类不切实际的行为。如果无法脱离这类经济的桎梏，"茶"是难以净化的。这个时代里只有茶人固守着这类封建制度是不行的。至今家元制度的弊害是显著的，如果这样的病症不设法疗愈，"茶"的光辉发展将难有希望。

十二

有钱人让茶人去指定的人家里，大多是出入决定好的旧货店，照料他们茶事相关的生意。将就于旧货店并不是什么坏事，给熟悉操作茶道具的人处理起来是方便的。但是商人这个位置，会招来许多不单纯的东西，会出现一些与"茶"的活动不相干的东西。因为有钱人是重要的买手，旧货店无论如何都要好好地谄媚，因此常常会扮演阿谀奉承的角色。商人长期在交易上遭致灾难，内心澄澈的极少，看见器物之美的眼因为从商业本位来考虑，很少从正常的观点来审视。因为这些因素，旧货店的中介让茶事的空气增添几许晦气。如果买家平日习惯四处闲逛旧货店，是看不到好东西的。

如果这是二次祸害，在此之外更致命的祸害，是至今的"茶"有一半是"旧货店的茶"化的东西了，或者说是"隶属于旧货店的茶"，更直接地不如说是以"被旧货商牵着鼻子走的茶"来评价。原来"茶"就离不开器具，茶宴与旧货店的因缘极深。又，看看日本的旧货店，大的店家几乎都是以茶器的经营为主，才让经济可以自立。因此，特殊而著名的茶器入手靠的是旧货店的中介。这类的事情透过旧货店来进行，且让对器物最精通的人来操作。至少处理过这么多品项，必定累积了渊博的知识与经验。这件事情旧货店的位置稍高，最终成为茶人的眼线。何况那些眼力贫乏的有钱人，如果没有他们的建言，是不会有好东西入手的。旧货店的商人们很了解这样的心理，将有钱人紧紧牵着走。旧货店中有少许的取巧者，是厉害的雄辩家，对于想要脱手的茶器的价值是极尽地能说善道，又能伶牙俐齿地夸大其词。如此一来不可思议的是，有钱的买家一边被谄媚着，一边落入旧货店卖家的手中，这些"茶"几乎全都是旧货店引导的"茶"。有时旧货店与有钱人之间会有小茶人作为中介，与小茶人串通一起劝诱有钱人买单茶道具，这样的诡计下东西绝不会是珍品。我了解茶事是如何在商业的目的下变得污浊。又，常常会有古董商的介绍人举办的茶会，或是举办某某人的祭典，但当中不知有多少都沦为图利的茶器贩卖商的活动。

然而不能说因为是生意人所以都是坏的，当中也存在有风范的商人，不能完全否定商人。但是生意人，特别是古董商这类的，大多数都具有进行不单纯交易的倾向，人格清高纯净的例子很少。这样的商人与茶禅一味的世界，为什么容易联结在一起呢？在茶事中伴随了商人力量的参与，无论如何要想回避到来的混浊，结果是困难的。

在日本谁都能察觉茶道具的价格真的病了，绝不是物件所对应的合理价格。这基本上是商人手中所握有的价格，品项的行情不知有多少是根据商人的奸智而堆高。悲哀的是，买手是遵从这样的游戏规则，且遵从的买手为数甚多。

但是关于此事，未必非得一味地指责商人不可，可以说是买手因为自己没有见识所以才发生惨剧。特别是有钱人缺乏眼力时，应该根据什么标准来买呢？是根据以下的两点。一是认为如果价高就是好东西。商人对此类心理绝对不是盲目的，便宜的定价卖不出去，相反地高价卖出的例子屡见不鲜。买手如果是无知的，就以高价作为美的标准。第二是依赖商人雄辩式的解说。当被问到为什么有这样的价值时，就摸清了买手的想法了。这虽然并非全都只是吹嘘，与期望不相符的却有很多，特别是为了生意做出了不单纯的说明。然而如果买手自己没有自信，这样的说明绝对会带来极大的影响。同样地也不买旧货店不认同的东西，而且是不会去买。悲哀的是，多数买手的眼力是逊于旧货店的，这是旧货店横行最大的原因。这个倾向是很明显的，可以说今天的"茶"不被旧货店牵着团团转的是很少的。我在许多场合的茶会中所不希望看到的是，茶人们没有主见的"茶"，简直就是一副可怜样。自主的"茶"已经威信扫地了。

我说今日的茶人们没有主见，虽然不能说大家都是这样，大体上都是对于家元有莫大的尊崇、被旧货店牵着走、高价就是好东西、箱书至关重要、十职的作品全是佳作，而绝非以自己的心与眼为主体来取舍。为什么不以自主的"茶"来作为提升呢？是因为完全没有这样的能力。如果多数的茶人们能够行自主的"茶"，"茶"将能明显地将这个历史推进一大步，而且一定能在美的世界里成就它闪耀的贡献。茶人无论在何处都想表现自己的权威。不知何时开始，这个权威的大部分已经移转到旧货店了，真是一件很可笑的事。

旧货店的确可以说是"茶"的历史中的一个贡献，但同时必须担负让"茶"乌烟瘴气的责任。不，可以说要隐藏的更是茶人自身那懦弱的一面。茶人之所以称为茶人，其见识、眼力、体验、修行，最好是在商人之上一阶到两阶。应当要让茶人引导旧货店才是，还必须负责导入正确的方向，没有这样权威的人能称为茶人吗？

十三

大体上，热衷于"茶"的人，是倾注心力于美物的人们。所以他们所用的品项都应该是美的吧，但到底为什么几乎跌破所有人的眼镜呢？第一，如同前述他们所选用的茶器几乎没有一件像样的，而我之所以不愿出席茶会，是因为大多数场合出现的是乏味的茶器，这样的东西还要一个个端详，会像个蠢蛋一样令人难以忍受。偶尔才能看到让人眼睛一亮的名器，但对立刻接续的无趣品项感到扫兴。此事虽然前面也有记载，但有另一个更根本的病症，而且不触犯它的茶人非常少，接下来谈谈这件事。

在茶室进行茶事是当然的，然而步出茶室后，一旦走入家庭的生活，在一般的起居间，或进入茶屋与厨房时，大体上大量地用着与"茶"之心无关的东西。这里可以见到大量与茶室的装饰完全不相干，且俗不可耐的生活方式。怎么会让日常生活与茶事丝毫无关也无所谓呢？如果茶室内与茶室外的生活过度缺乏交集，这样的茶室只是个故作姿态的场所，与生活产生了矛盾。例如在绚丽的茶室中使用着好的茶器接受茶的款待，所用的器物都展现出侘、寂，床头挂上的是禅僧的墨迹，然后开口闭口都是关于茶禅一味。然而假设离开了茶室，这回从起居间端出来的是煎茶，这个场合所用的提梁壶与侧把壶、茶碗与茶托、盆与皿等，全部都置入了茶之心吗？如果不是为了迎合所谓的"茶器"的要求，大多场合就会敷衍了事了。大多数平凡的器物中混杂了许多庸俗的东西，起居间的橱柜、桌子、文具等是否认真地选择了呢？这些东西意外地被满不在乎地使用着。寝室的摆设等也是，被就算看第二眼都瞧不上的雕刻占据着。加上有很多低俗的挂轴，茶室中"茶"很浓烈，一般的生活中"茶"却很淡薄。对于厨房所用的瓮、钵、柜、药罐，甚至勺子等，还常常一副不在乎的样子。这就是身为茶人在生活上的矛盾处啊！

为什么一般的生活中可以连一个名器都不使用，这样的事是不可能的，更是不必要的吧。但是"茶"给了我们一个美的标准，任何的东西可以说被这个标准规范过后会更好。至少对于真的茶人日用的东西而言，逐渐地学会如何选择符合标准的品项是必须的。在茶室之外不使用具备茶的意识的器物，可以说是对"茶"的要求太少所致。

今日的"茶"不知不觉就成了茶室内的"茶"了。从露地[1]踏出一步，如同"茶"就消失了，是怎么一回事呢？我所思考的是，茶室就像是个道场。在此修行的意义，是当"茶"与日常生活有了深度交织，才开始让茶室的"茶"有了生气。不，在某种意义下就因为能融入一般的生活才显得重要，如果这不构成茶生活的基础，茶室的"茶"只不过是吹嘘而已。有宗教信仰的人只在周日去教会祈祷，如果一周内其他时间不祈祷不是很奇怪吗？教导行住坐卧的祈愿活动不就是周日仪式的内容吗？茶室是该扮演好茶室的角色，其他各室也必然是这样精神的延续。虽然并非所有的空间都要成为茶室，能让茶的精神一以贯之就好。看到了生活与茶事这般悬殊，我认为今日大多数的"茶"含有吹嘘的成分。只要有这番吹嘘的，恐怕就不能说是"茶"的修行者了。只在茶室中完成茶事，实在是让人困扰。我相当看重平日的"茶"，与没有茶室的"茶"当下的意义。这点如果能确认，茶室的"茶"就终于能够忠于本质了。只在茶室中装模作样的茶人是令人困扰的，茶人的面貌像个普

---

1 露地：日本茶室随附的庭园的通称。宾客参加茶事时，需要穿越庭园才能进入茶室。

通人就好了。"茶"不就是应该从被茶室局限住的"茶"中解放出来的吗?

十四

如果对茶事有了心得,接下来想做的事之一就是制作茶器。大略了解"茶"后,还对茶器的种种限制清楚的话,就燃起了不论是自己来制作,或是担任监制请他人制作的欲望。令人吃惊的是几乎所有的窑厂都能见到茶人的掺和,与使唤他人烧制茶器的情景。但是结果如何呢?以我这样各国的窑厂都见过的人的眼来看,这种茶趣味的干预,所造成对窑厂的毒害,在别处是没有的。明明匠人们烧出了这般精彩的民器,却硬是被拽去烧制茶器,而且坚信这样能提升窑厂的水平。但是真正的茶器,并非如此轻而易举地做得出来。

陶瓷器(不论何种工艺的部门都是如此)的制作,没有素人能介入的空间。素地、釉药、烧成以及其他,都需要相当的专业知识与经验,对茶事就算能有所掌握,也没有立刻就能烧好陶瓷器的资格。在一旁指指点点又有种种要求,这些意见在工作上并非那么容易采纳。大致上如果在窑厂见到试做的茶器,那素人般的臭气与看起来的贫弱,不得不说是自食其果。况且对茶事熟悉的人,未必是看得见美的人。表现出如同世界末日般孱弱趣味的事,居然是这般的多啊!茶人未必是作者,又未必是职人。这类的人在专业窑厂里对茶器的烧制颐指气使，是僭越也是愚蠢，好生让人困扰。我知道某位陶瓷器的学者，在窑厂里指导的例子，做出来的器物堪称粗鄙。既然没有这个能力，还是别逞强的好。如果真的想这么做，就算放弃了一切的工作投身于陶瓷业，陶瓷的工作仍难以轻易地完成。只有少许的茶之心与知识，能够成就什么力量呢？实际上到窑厂见到的像是所谓的茶器，除了看起来贫弱和丑陋就没有别的了。在整窑当中为了这几个东西，而导致全部烧坏的窑厂也有。像是有名的伊部烧，让已经不治的病症窜入，至今几乎没有存留一件能看的作品。如果能回归到像是过去的杂器，就能一直生产出可作为茶器的好东西吧。

说真的毒害日本窑厂的就是茶趣味。本来早期的名器，绝对没有因为茶趣味而制作的茶器，必须铭记在心的是当时只有实用的杂器。虽说最开始就以茶器为目标制作的器物，不能说全数不能成为茶器，可悲的是只要依存在茶趣味的做作下，这个工作就算终结了，因为难以达到无心之域。唐物[1]的茶叶罐是如此，朝鲜的茶碗（图❸）是如此，全数是杂器的民器，绝对不是本来就是茶器的这件事，千万不要忘记了。

因此在日本的窑厂转一圈，以传统的工艺所制作的纯然杂器中，真的能发现许多能直接成为茶器的好东西。会把非茶器拿来当作茶器使用，是因为杂器与早期的茶器就是在一定程度上相通的。而这些精彩的杂器，也就是想要提升到茶器的一般

1　唐物：在古代日本人对中国输入的物品的雅称。

❸ 高丽割高台茶碗，为割高台
中最好的之一

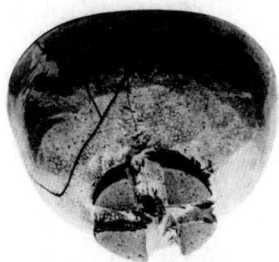

器物，与因为那一点茶趣味而制作的东西，它们的区别是该被清楚认知的。各国的民器对我们昭告了这样的事实。

　　茶人们，尤其是素人的各位，好好反省你们没有让人烧制茶器的资格这件事吧，如果想要烧制，就真的必须全身心投入。就算如此，事情还不见得容易，十有八九对于惨烈的失败要有觉悟。因为各位愚蠢地介入，不知目击了多少被毒害的日本窑厂的我，不得不提出这个警告。名器是不会从这样廉价的态度与立场孕生的。日本陶瓷器中的许多茶的病症，可以说有着上述这般病态的如实象征吧。为了不平白地受到后代的耻笑，自省是必要的。

十五

《临济录》中记载着"无事是贵人，但莫造作"。这句话可以作为茶人的座右铭。毕竟"无事之美"这件事，是茶之美的极致，在此之外是不可能有的。井户茶碗的美，是这般无事之美的如实呈现，如此而已。这个无事用别的话来说，也能亲切地以"莫造作"来教诲。如果能了解对"茶"而言的禁忌是"造作"，亦即"作为"的话，被解读为误入歧途的"茶"不知能挽回多少颜面啊。然而把茶禅一味挂在嘴边的茶人们中，对于临济禅师的教诲，能够认真玩味并自我反省的人这般地少，是怎么回事呢？以前所接触到的，刻意而不自然的礼式，装模作样的风流，精心构思却往往流于拙劣的诙谐，与总是过于做作的器物，这样的状态不会有"无事的茶"。最常见到的后代茶器的例子中，例如"乐"等所展现的，刻意在形体上的歪斜，附着的凹凸，竹刀削刻时留下的痕迹，与专注于各种技巧，这是对于雅致错误的传达。如果以茶禅的立场来看，有根本上的偏差，造作就是造作，与无事是天差地别的。把这样的品项误认为是风雅的茶器，是后代茶人们的盲目所致吧。

在"井户"等所看到的歪斜与瑕疵，粗放的肌理，是自然地成就如此，不施予任何的作为。"井户"是纯然的杂器，而"乐"中没有这样的特质。"井户"（图❹）的歪斜与"乐"（图❺、图❻）的歪斜，说是无事与有事的对比也可以。这之间看得到根本的差异，能反省这一点的茶人却很少，这是为什

④ 高丽茶碗　名物手井户　铭　八云

⑤ 乐初代　长次郎作　黑乐茶碗

❻ 乐三代　道入作　赤乐筒茶碗
铭　寒红梅

么呢？因为这个做作的病症渗入了"茶"中，称之为"病入膏
肓"也可以。"井户"的美是无事的美，当这个茶碗正在这般
教诲我们时，我们却对刻意扭曲的"乐"有所期待，到底是一
个怎样的错觉呢？我们并不知道今后将何去何从，但无论如何
至今的"乐"是达不到无事之美的，就算是知名的光悦也力有
未逮。茶道与临济禅的结缘特别深，却辜负了临济祖师的教
导，执着于有事，在做作中让"茶"沉沦，这又算是哪门子行
径呢？"茶"在任何地方都应该将"无事的茶"一以贯之。若
非如此，如何能成为"道"，茶人又有什么脸在寝室恭敬地挂
上禅家的墨迹呢。在进行茶事时，不得不以"无事"来执行。

如果以有事来开始与结束，这时的"茶"是无论如何也不能称为"茶"的。

顺便一提，我并不是说茶器就非杂器不可。由意识所成就的个人陶，并非无法获得茶器的位置。只是这个道是难行之道，无法轻松地达到无事之域。若能达到，就能见到与杂器相似的特质，发现器物从做作中被解放出来。

无事这一词，能以自在或无碍来置换，今日的"茶"缺乏了这样的自在。被意图所囚禁、被雅致所捕捉、在作为里沉沦、在金钱里堕落，无论在何处都表现不出无碍的境地。然而本来的"茶"是应该不允许这样的不自由的。尊崇井户茶碗的多数茶人们，是看不见从这般无碍的境地所孕生的器物吗？今日多数的茶人们对于井户茶碗的崇拜，是件多么可笑的事啊！如果对于无事的美得以理解，就能反省自己的茶事而觉得无地自容吧。几年前大名物"筒井筒"以一百数十万日币成交，这价值并非众人欣赏的美。说那是被名声捆住的价值也不为过。"筒井筒"（图❼）也不会高兴吧。无论在何处都能坦率地看到"无事"，而修持"无事"的茶人难道一个都不存在吗？为了得以再次于茶道中倾注生命力，将持续引颈期盼这位茶人的出现。超越一切的病症吧，我们不得不再度建立起健康的"茶"。

以上是我所列举纠缠着"茶"的各种病症，不论是哪一个时代，这类的病症都会出现吧，恐怕不是这个时代才变得严重。当病入膏肓时，若不尽早将这些症状纠正，将徒然受到后世的嘲讽，与被这个时代所遗弃。如果从"茶"的历史来看，

❼ 大井户茶碗　铭　筒井筒

的确是功过参半，有着光辉绚烂又深邃的一面，同时也有引人
注目的晦暗与愚蠢的一面。如果刻意说这个封建性是"茶"的
癌症也可以，如果不早点将它切除，那么离死期也不远了吧。
像那些尽是感谢千家的、以金钱买卖宗匠地位的、让型毁灭在
型里的、连泛泛的茶器都以为是美的、即便有其他多美的东西
也睁眼装瞎的、将取巧茶事的人当作茶人来看待的、既高傲又

摆架子的、误认有钱人的绚丽的茶是了不得的，这些真的都蠢到底了。更何况一味地把茶禅挂在嘴边，还是想借由宗教等名义，让人倒向哪种修行或思考呢？史上没有比当今的茶离禅更远的了。这让人想起了耶稣尖锐的一句话："若不重新投胎的话。"

　　大体上可以说茶道是一种美的宗教。特别是在日本发达的美学意识与佛法结合于此，发展出这个世间稀有的道。这是日本特殊的产物，也是给予后代庞大的遗产。单就这点，守护与培育着它的健全发展，就是不得不为之的任务。因此必须治疗许多的病症，也必须咽下这苦药。希望我的这篇文章能成为一帖良药。

启彰导读
茶人的桃花源

　　面对昭和（1926—1989）初期日本茶界的种种弊害，柳宗悦在《"茶"之病》一文中的每一笔记述都意味深长，从当时茶人们对"茶禅一味"的曲解，对茶人的悟性与风骨的要求，"不风流处也风流"的玄机，茶道中的仪轨背离自然的危机，落款"铭"的滥用，金钱导致茶道的堕落，世袭家元制度的弊害，被古董商操控的市场，日常生活与茶应有的紧密关系，茶人对窑厂的毒害，到"无事之美"的美的极致。其中都一再围绕着一个主题"茶人之眼"。

　　"茶人之眼"的底蕴是自我的修持，其表现是谦虚与淡定，任何虚张声势与金钱堆积的夸饰只是流于俗套。"茶人之眼"的应用是对器物直指人心的直观。用个通俗的形容，就像是美食大厨之所以能做出可口的佳肴，正是因为自己吃出了细微的区别，并找出虏获味蕾的秘诀。直观，所以不依赖任何外在信息，直接透视器物的本质，直接感应作品所传达的那接近自然的悸动。

　　柳宗悦目睹了茶界的向下沉沦，有着一股强烈的使命感与迫切感。因为茶是最容易深入生活的一个美的宗教，它也象征着对每个个体救赎的契机。如果每个人都能培养出直观，并成就一对成熟的"茶人之眼"，所有劣币竞逐良币的现象将消失，环绕着我们的将只有美物。

　　虽说"茶"在日本代表了茶道礼仪与茶器两件事，而"茶"在两岸指的是饮用的茶汤，两者有本质上极大的区别。但在茶境上的追求则是殊途同归，也就是一种内蕴的美。内蕴的美表现在茶器上的，不是表面上的夸饰；而表现在茶叶上的，也不该是单纯的香与韵。

　　开启感知内蕴的茶之美的钥匙，潜藏在饮者身心深处，并呼应了茶境中的天、地、人。神农氏尝百草时茶之所以为药，是因为每一款茶所生长的环境不同，吸收不同的日精月华，使得所对应的经络脏腑与进出的能量有所不同，与中药是同一类属。一口完全融入于身体的茶，成就于风调雨顺的天候，养分完整的地气，与心怀感恩的手艺。这些讯息都化为细微的讯号传达给身体各个部位，每个人依据本能的觉知力都应当能感知。无奈身处当代的我们，被污染的空气，催化的蔬果，与转基因的食品所包围。

　　传说中有一个鸡犬相闻的村落，住着一群爱茶的淳朴村民。每到春天就上到后山采些野茶揉捻制作，以供整年的享用。男男女女、老老少少由于环境清幽、与世无争，饮食完全与自然融合。对于茶汤中非自然的元素，人人都知之甚详。村里有个年轻人到都市打工，品尝了城里贩卖的茶叶，一杯下肚后不觉惊骇。"为什么城里的与家乡的茶叶给予身体的舒畅度如此不同？"在好奇下尝遍与比较了城里所贩卖的不同种类、工艺、产地的茶，近乎废寝忘食地将自己的心得做出了整理：

"天"的凝滞

一款"天"的讯号凝滞的茶，会悄悄地在身边细语，告诉我们如果是采收当季干旱不雨，我们也会口干舌燥。如果是急冻冰封，头部会凝结紧滞。如果在茶叶制作过程下雨，走水不利，肺会如同积水般紧结，影响肺活量。如果是在存放过程疏忽导致霉菌滋生的茶，肺细胞会被揪紧而舒张受限。

"地"的凝滞

一款"地"的讯号凝滞的茶，会将警讯传遍全身，如果是农药或化肥类非自然的污染，将使得喉咙紧收，严重时堪称锁喉。在肺，若农残含量轻时紧结，重则呼吸不顺，同时心跳加速。在胃，农残含量轻则气滞，无法向下通达，重则紧收甚至痉挛。在四肢，呈现无力，双手发软，无力紧握。在脑部，农残含量轻则不舒服地闷胀，重则刺痛或偏头痛。

"人"的凝滞

一款"人"的讯号凝滞的茶，给予我们机会深探自身更细微的包括情绪的肉体讯息。如果制茶师傅过度执着，心轮将凝滞紧收。如果人为将千年古树砍头矮化，惊恐的讯息将沁入饮者，使之心神不宁。制茶师傅如果迎合市场的清新口感，降低发酵度使发酵不足，胃则必定气滞不畅。

　　年轻人返乡过年，将城里的见闻与茶叶带回给父母。母亲说"孩子啊，在外面别太逞强了，做人低调点"。父亲则默默地泡开并尝了一口孩子带回来的茶叶后，缓缓地说"家里没能留什么给你，就只有大自然对你从小到大的亲近与爱，和家里的那一点点野茶，年后带去分享给城市里的朋友们"。年轻人点点头，心中许下了一个新一年的愿望。

　　如果说柳宗悦的桃花源里是人人都能具备"茶人之眼"，而得以看穿茶器内里的内涵与是否达到无我；那年轻人的桃花源中则是每个人都能毫无顾忌地喝一口干净的茶，并得以以"茶人之眼"明了茶叶内在的天、地、人三要素。

拾贰

奇数之美

完美就等于不完美的境地，
茶之美才会存在。
毕竟这是未被二元对
立相囚禁的自由之美，
才是原来的本性。

一

　　最近有一个与美术运动相关的显著趋势是对于形破（Deformation）的追求。"形破"是对既定的形的突破，说是追求自由的人们所表现出的念想也可以。也可以说是"未定型"或"未成形"，我想以容易理解的"奇数之美"来称之。"奇"并不是奇怪的意思，是"偶"相对的"奇"，或"不完整"。在形的不匀称、不完备中，所需的"形破"与"不均等"（asymmetry）互相呼应。这里简单以"奇"或"奇数"来表示，是为了将不可切割的深意表现出来。（奇也可以是"畸"，畸准确地说是指不可分割的田。）

　　就算对形破的主张是近代才有的，但实际上所有真正的艺术，不论在任何意义下，没有一件的表现不是形破的。因为如果追求自由，完整的形是不得不破的。特别是如果回溯到中世纪以前，不论东西方，其表现就常常以形破来示人。例如中世纪的雕刻中所见的怪异美Grotesque，明显是形变的美。这个Grotesque在美学上是重要的，或者说是具有严肃内容的作品。但是近代被误用为猎奇的意涵而将之俗化，为此感到甚为可惜。所有真正的艺术，不论在何种意义下都会具有Grotesque的元素。像日本有名的"四十八体佛"也有着这类浓厚的性质，所以形破的表现绝非新鲜产物，只是在近代才开始主张这样的意识。

为何近代会开始强调形破的美呢？虽说对于真正的美的追求是大势所趋，但能给予近代的艺术家莫大刺激的是原始艺术。近年各国所努力的探索、调查与搜集，为他们提供了许多新的材料。比谁都更热衷于赞叹那美的价值，并为之倾倒的是艺术家们。例如马蒂斯或毕加索与许多其他的作家们，在原始艺术中看到了美的新泉源。所追求的形破之美、奇数之美，并非只是在作品上这般自由地表现。那更是原始民族从非洲、新几内亚、墨西哥，或其他的土地开始，一直到将来所要展示在作品上的灵感泉源，而且是这二三十年来能够实践的。当中有意思的事情是，最新的艺术是从最原始的艺术中汲取大量的养分。这与日本浮世绘所带给印象派的影响颇为相似。

因此形破之美，亦即奇数之美，并不是什么新的表现。然而让奇数之美的价值被重新认识，并强调它的意识形态是近代艺术的特色。自由在形破中的自我回归，让形破的主张包含了深刻的真理。只要有自由之美，必然回归到奇数之美。

二

　　然而对于奇数之美最早的鉴赏，又据此作为创作原理的，实际上是日本的茶人们，三四百年前已经如此。以茶器为例大概就能了解，没有一件不是以形破展示的茶器（图❶）。从内在角度而言，完整无瑕的茶器并不会被选为茶器。

　　在"茶"中，"数奇"这一词语长期被使用。在今日常用到"数奇者""数奇屋"或"专注于数奇"等许多词汇。

❶ 高丽刷毛目茶碗　铭　编笠

根据桑田忠亲的《日本茶道史》，"数奇"这一词语是借用"好"[1]这个字来的，而他的书里一切的数奇都以"数寄"来取代。

原来在被"茶"使用之前，"歌数奇"这一词语就在文献中见过，不知何时成为"茶"的专用语。今天多数以"数寄"来记述的人，原来或许全部都是以"数奇"来记载吧。足利义政时代，大约文安年间（1444年前后）所编修的汉和词典中《下学集》有"数奇"二字。查询当时很普遍的字典《节用集》可知，直到宽永时期（1624—1644）都以"数奇"记录，但是到了正保（1644—1648）、庆安（1648—1652）后"数寄"一词开始出现。所以大体从一休、珠光、绍鸥、利休、织部、宗湛、光悦这等人出现的时代，即15世纪中期到17世纪初期左右，都是以"数奇"来记载的。不消说这期间是茶的黄金时代。

但是为什么"好"要由"数奇"来代替呢？桑田表示只是单纯地借用字，如果是这样，那《万叶集》[2]的假名中读音相似的"寸纪"或"须几"也可以，为什么只选定了"数奇"呢？如果只是单纯的借用字，为什么避开了容易写的"好"字，反而改用了笔画繁多的"数奇"两字呢？应当是将单纯的借用字之外的意义，托付予这两个字吧。如果突然这样问起，而数奇二字并没有别的意义，只是以"好"字替代，或是从"好"变

1　"好"与"数奇"的日语读音相同。

2　《万叶集》：歌集名，共20卷。

成"数奇"有特殊意义的话,这两者的解释是要分开的。

最清楚具备后者立场的有《禅茶录》一书。旨趣上是排除累赘嗜好中的偏执,毋宁说在不足中的知足是数奇的意涵。奇与偶相对,暗示着哪里有所不足。也就是奇数的样子,指的是不完美的东西。数是奇数中残余的体现,在所暗示的不充分中,见到了茶精神。因此数奇两字明显地包含对"茶"的理解,并持有着深刻的意涵。因此不同于"好"那单纯的借用字,茶之美还暗示着奇数美。我也从这个视角的支持者中,了解到数奇与奇数有着同样的意义。只是前者是茶的用语,而后者不过是一般的新用语,如此区别而已。如果说"数奇"仅是"好"的同音借用字,对此持有不同的见解也是正确的。最初"数奇"未留下记录一事在前面也做过了叙述。

三

"好"可以读为"喜欢"或"嗜好","喜好绘""喜好歌"这样的词汇自古就常见到。然而喜欢是肤浅的喜欢,是耽溺于对物件的喜好,而且有好色的联想,特别是距离茶之道甚远。因此与喜欢的"好"做区隔,刻意用了"数奇"二字,另赋予这个词语新的意义,并让人一望即明。

那为何开始以"数奇"来记述,何时又成为非用"数寄"这样的文字不可呢?恐怕是因为接着要说明的理由吧。"数奇"的和语读音与"好"相同,汉语则同样用了"数奇"的文字。但是汉语这个"数奇"[1]的字意是"不幸"的意思。常常提及的"数奇的命运",指的是一生为数众多的事件所组成的,特别悲伤与痛苦的宿命。为了避免从数奇这样的和语到汉语"不幸"的联想,而让用户以新的文字"数寄"来表达。

"寄"是"寄托于心",从而将"好"的意思留下来。如此一来新的数寄成了和语,有些人以数奇、有些人以数寄记载至今。然而数奇二字本来就有自己的字样,从"奇"到"寄"道理更说得通。

在桑田值得一读的著作《茶道史》中,全数用的是"数寄",该书所引用的古记载(72—73页)里也采用"数寄"二字,但是据我所知,《二水记》大永六年(1526)七月二十二日,青莲院的一个段落中明确地写着"数奇宗珠""数奇的上手"。桑田将之改为"数寄"两字,可能是不小心吧。或者说不定是来自学者手中的资料,具有什么充分的考据。但是或许桑田的考虑中"数奇"只是单纯的借用字,数奇与数寄都是一样的,强求以数奇来呈现是不必要的,那么就都以"数寄"作为统一吧。然而如果只是单纯的借用字,为何其他的借用字如"寸纪""须几"不用,而选择"数奇"二字呢?我想一定有他的理由吧。

1　数奇:古人迷信,认为偶数吉利,单数不吉利,故将命运不佳,凡事无法偶合者称为"数奇"。唐·牛肃《马待封》:"待封恨其数奇,于是变姓名,隐于西河山中。"

四

因此"形破"亦即"奇数形"，并非什么新的表现之道，反而是一切真正的艺术必然的先决条件。只是如同前述，那形破的美被重新认识了。强调它的意识形态虽说是近代艺术的特色，但东洋从很久以前，在茶宴中"数奇"的美就被慎重地鉴赏了。这个数奇是近代的形变，也具有与不对称相近的意义。茶人们在这样的美之上确立茶之道，更将展示出这番美感的器物提升为茶器。

因此茶人们所热爱的美的世界是如此巨大，不仅包含了近代的器物，更成为它们的先驱，这个历史的事实是更值得我们注意的。在东洋发达的南画[1]中是如此，西洋虽并没有发达的足迹，但可以说是新美学的必要条件。说到美学，单只追求西洋式的思考则十分没有见识，应当建立起东洋固有的自主美学才是。

近期美国的陶瓷器里主张所谓Free Form（自由形），试着刻意将形扭曲而产生不均等的美，成为一种流行。然而在日本像是乐烧这类的作品，可以说是"自由形"的前辈，总是在形破中追寻那样的美。明朝末期日本的茶人们向中国下单订制的瓷器，至今还有许多的残存，原本中国所没有的人为的变形，在此却常常见得到。这往往是在"茶"的要求下的形破，

1　南画：指中国绘画样式之一的南宗画，强调文人画风中的柔和与趣味，以董其昌为代表。

亦即奇数形，是陶瓷史上存在的特例。

如果考虑今日美国所作的个人陶几乎都具有东洋风，那这个新的自由形的运动，我想是原本就接受了茶器的影响。

五

对茶人们所爱的那奇数的美，想以新的词语来说明的是冈仓天心。他的著作《茶之书》中，将奇数的美称为"不完美的美"。今天人们对此或许更容易了解，"不完美"是相对于"完美"的词语，指的也就是"作品不以完美的形来创作"。如果考察一下茶器就会立刻觉察吧。形的歪斜、肌理的粗放、釉药不均匀地流淌，还残留着釉色交叠的痕迹，有时有瑕疵，全数是"不完备""无法切割清楚的姿态"，也就是不完美的样子。此处茶人们看见了无限的美。这就是冈仓天心所称的"不完美的美"。

那为什么避开完美的美，是在不完美里找寻美？我试着在下文作出说明。假设形相当均匀，就会被认定为很完整，所以什么余韵都丧失了。也就是没有了内涵后，灵活度将被否决，结果完美的作品，在安静的规则里是坚硬而冰冷的。人们（或许是因为自身的不完美）能在完美的物件里发现不自由，是因为切割清楚时不存在无限可能的暗示。美，不能没有余地，它始终想与自由联结。不，自由就是美。为何爱着奇数，恋着形破呢？是人对自由的美的追求无法停止之故。因此对不完美有

所冀求，茶之美就是不完美的美。完美的形，反而无法充分地
成为美之形。

六

　　然而在天心居士的不完美说里，不厌其烦地建立新构想
的是久松真一博士。他的著作《茶的精神》中，叙述了这个旨
趣。所谓不完美毕竟具有在到达完美的途中的意涵，但这类不
完美的性质，并没有直接与深层的美联结的理由。不完美是
消极的内容，真的茶之美一定是积极的。因此从不完美的位
置，必须进一步到达"对完美的否定"。必须打破完美这样
一个固化的世界，并依此展示所得到的自由。这并非单纯的
"不完美的东西"，而是对完美的积极否定。这个构想确实
是比天心居士更进一步的想法，可以说是更确切地阐明了奇
数之美的性格。

　　例如看见"乐茶碗"等，那"对完美的否定"的说明就
很清楚了。这并不仅仅是不完美的未完成的形，而且是企图
打破完美的固化的这类器物。"乐"因为是手捏的，拒绝了
依赖辘轳所作出的完美的圆形。而且在躯干、边缘、高台的
切削按压下，作出全面的形变，使得肌理不光滑且粗放，挂
釉不均匀而浓淡交错。这一切的意图都是为了打破完美。依
据这样的否定，让茶之美的生命得以复苏。这种倾向不止于
茶器，而是已扩及日本陶瓷器的整体，且随处可见这类变形

的作品，可以说全是受到了茶宴的影响。这样的东西以前在茶中不可见，可以看作是近代形变与自由形的先驱，这全都是因为对完美意识的否定。

七

然而天心居士的"不完美的美"与久松教授的"对完美的否定"，能充分将茶之美的本性道尽吗？对我而言不论哪一个都是不充分的说明。

完美的不完美，只是探讨相对的词语，那既是肯定又是否定。不完美如果是相对于完美的，那是在朝向完美迈进的途中的东西，或者是否定了完美后，让哪一个都不具备相对的意义。终极的茶之美不会停留在这类不完美中。茶之美在"无相"中的理解，有什么真意吗？如此一来就不能停止在对无的否定中。否定也好肯定也罢，两者都是远离了无相的东西吧。

因此真的茶之美并不会停留在不论完美或不完美的任一方里。在一个没有区别的境地，或者说是完美与不完美还未有分别以前的世界，亦即完美就等于不完美的境地，茶之美才会存在。毕竟这是未被二元对立相囚禁的自由之美，才是原来的本性。这样的美我姑且以奇数之美称之。这种情况只不过说明，奇数并非偶数单纯的配对，也因为不仰赖奇数或偶数，所以自然产生小数点。因此"奇"的真意终究是无碍。而意识的否定下的形破，不能说是到了无碍的境地。它同时停滞于完美与不完美里，或者束缚于肯定与否定中。正是在这番区别的纠葛形成之前，真的自由早已存在。所谓过往并非以后的反义词，事实上指的是不允许时间有前后顺序区别的境地。就像是主张形破的近代一样，我并不认为这些足以称为自由形。

八

举个实例就容易明了了。看看朝鲜茶碗与中国的茶叶罐吧，并非追求完美所能得到而是原本就如此的，同时绝不是以不完美为目标而创作的。同样地也不是为了反对完美，而企划出否定的结果。在开始判断之前，就不做作地完成了。不，与其说是开始判断的前后，不如说是在不带有任何判断意义的世界里的创作。禅语中有"只么"[1]这样的词语，这些器具顶多是随兴之作。这些本来是杂器，并不是为了茶器的用途而被创作出来的，因此与持有"对完美的否定"这样的意图相距甚远。又，也不是在不完美里感到美而创作的作品。仅是就这样作出来的，非常平易坦率地作出来的东西，因此这个"只"的境地，能化解心中所有的芥蒂。如果有"对完美的否定"的念头，在只么中是绝对无法创作的，这也是自然地无事地完成的状态。因此实际上是尚未进入到思考"只么"的阶段所创作出的，也就是"只"。因为立足于"只"，所以无碍，或者可以说是置身在

---

1 只么：在"只"的意涵下，指的是什么算计都没有，一颗单纯的心。

无住的住之中。如果以雅致为目标，就会立刻陷入不自由。同样地，以自由为目标，就会被自由囚禁。因此否定完美，就会陷入新的不自由。范例中的茶碗与茶叶罐，就没有这样的不自由。

　　端详一下这些茶器，就会看到形的部分有一些歪斜。但是这是自然形成的，事实上歪斜也好不歪斜也罢。所见到的像"梅花皮"[1]（图❷）般肌理的粗放，并非刻意作出来的。因为是杂器，就只能这样了，并非追求釉斑或颜色的景致。无做作地挂釉，就这样自然地形成。虽然无做作甚好，但不是刻意地无做作。从一开始，就没有打算反复尝试组合这些特点。应该让制作方式能更平常、自然、自在与无碍。

　　也就是说分别心并非心的居所，因此分别后是无法完成工作的。不，不去管区别的前后，只是单纯地制作，所以不会在"只"里囚困。若试着去朝鲜旅行并造访这些工坊，所有的谜团都会解开。在工坊里，辘轳的架设方式、釉药的磨碾方式、挂釉的方式、描绘的方式、筑窑的方式、烧窑的方式，一切都是自然的。风吹、云动、水往低处流，并没有什么特别。这样的融通无碍，正是无尽雅致的泉源。如果以雅致为目标，这样的雅致又怎么会展现得出来呢？反而会立刻陷入不自由中。美之所以自带奇数，不正是无碍的证明吗。

1　梅花皮：井户茶碗底部，与高台部分釉面的粒状缩釉称为"梅花皮"。

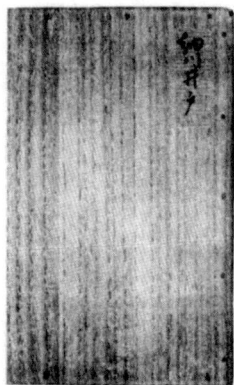

❷ 梅花皮

九

茶人们所谓的"数奇"以及"麄相"，在这样的境地里认同美的深度是茶人们的卓见。"麄"的意思是"粗"，粗放的模样，奇数的意涵。在这样麄相的器物里品味着美，是日本人美学意识与美的体验中最显著，更是最优秀的特点。这样的"麄"与宗教理念中的"贫"是相通的，"麄相的器物"可以"贫困的美"来称之。进一步说，这个"贫"并不是富的反面的贫，而是将真的富包覆起来的贫，是长久以来东洋哲理中所说的"无"的境界，是不会滞留于有无的无。在描述形时以"涩味"来称呼，悉数是美的目标。涩味的麄相的美，是贫困的美。这也是茶人们能品味到素色之美的原因。在美的世界追求这样的"贫"，展现了日本人优异的审美观。

在奇数中发现美，与追求完美的希腊人的美的理念有所不同。而强烈地接受这类影响的西欧人，对美的思考是正好相反的吧。例如西洋陶瓷器中素色的极少，且对于这类美品位的见解，也几乎看不见。相较于奇数更追求偶数是西洋的观点，也就是精准切割的形。

希腊美学的理念被置于无瑕的美之中，这类典型的作品在匀称的人体美中可以见到。平衡而完备的希腊雕刻，正向我们如此倾诉。东洋则相反地追求奇数的相，所展现的是自然中能发现的。前者是切割后的匀称的美，后者是未切割的不匀称的美。茶道始终在诉说后者的美的深度，这被看作是广泛的东洋以及佛教的见解。

或者这样的对比也可以改口称为"合理的作品"与"不合理的作品"。西欧因为科学发达,合理性成为作品的思考基础。在东洋与其说是理性毋宁说是选择了直观的立场,因此能在非合理性中感知其意义。如果能从理智的角度来看,也能说是飞跃,而绝不是渐进,因此作品的观点会依赖逻辑体系的甚少。相对于在西洋机械文化很早就发达了,在东洋的今日手工仍是很重要的生产力来源,也正诉说着这样的对比。

像茶器这类,诚然是非理智所产出的。与切割的美不同,因此有时也可以说是"不完美的美",或者"否定那朝向完美的美"。无论如何那并不是能说明清楚的美,而是常常蕴含暗示的东西。并非清楚地展现在外观上的美,而是隐藏在内里的美。寓于这般内涵中的美,我们以"涩味之美"来赞颂。这并非作者对观赏者所明示的美,对于观赏者而言,倒不如说能创作出将美引导出来的作品的才是真的作者。这样的意义下,观赏者令作家所创作出的美,是涩味之美,是茶之美。

✝

茶之美以无碍的美所展示的,并不是止息于做作的美。浅显地说并非作为的美,而是从作为里自由地被解放出来的美。因为有着必然的自由,所以可以说是无碍的美。也就是说那在纯粹的自由里,是并非以自由为目的的自由,而源于自身的自由才能说是自由。

一旦如此在早期的茶器里看见的形的崩解，与近代美术的形变，虽然有相通之处，但这之间有根本上的差异。前者有必然的形破，后者是意识下意图的产物。也就是先意识到奇数之美，而强势地以奇形做出的作品。然而早期的茶器，端正的外形也好奇形也好，那是从不拘泥的境遇而来的自由形。但这些自然的奇形并不是从美的角度来区分，不是停滞于刻意思考自由的自由。然而近代的自由形却一直在标榜自由，换句话说是从自由主义出发的自由。这样的东西能称之为真的自由吗？被自由主义所囚禁，可以说是不自由的证据。这岂不是自由主义里的自相矛盾吗？自由这个东西，并不会把自由当作目标。

因此在茶器中看到的奇数之美，与近代所追求的奇数之美，性质相差甚远。后者是为了目的性的工作，而茶器则是作者与作品之间不存在二元的关系，也可以说是非目的性的，却反倒符合了目的。一边是受到了形破囚禁的身形，一边则是自未受到任何形式囚禁的境遇而来的必然的形破。因此近代所拥有的是被自由主义束缚了的自由，就很难称得上是无碍的美了。无碍世界里的主张，是不必要的。虽有融通无碍这样的词语，但自由主义里是没有融通的。当主义成立之时，无碍就消失了。

这里有个最重要的问题。近代形破的美，虽有着对自由的追求，却不能说具有充分的自由。毋宁说是拘泥在自由里的，新的不自由形来得贴切。因此近代美术显著的弊害，是根据自由的主张所创作的不自由，而绝无法达到无碍的形破。

茶人之眼是为何感到惊讶啊！看到"如此简单的自由"，在那里感觉到无限的美，更在那里品味着美的深度。"数奇"这样的词语，是何等含蓄啊！在不足处感受充盈正是所谓茶的境界。在奇数里凝望着自由的真面目，这个奇数来自既不被偶也不受奇所囚禁的境遇，所以说是必然的奇数。那是必然的形变，而非做作的形变。我认为这个区别特别重要。

大体形变这个词语，为了表示"不完备的样子"，所以用"不完美"的词语来置换，在前述的不完美是相对于完美的词语，并没有对立的意思。真的形破是发生于超越了完美与不完美的差别的境遇，因此有了完备中的不完备，或者是不完备中的完备的东西。若仅是"不完备的样子"，只能是二流的东西。

十一

能最清楚呈现这个关系的，是早期的茶器与中期以后的茶器间的差异。以茶碗的历史为例来看吧。最初几乎全部是"舶来品"，特别是朝鲜的器物占据王位。接着日本也开始试作，不久后自"舶来品"向"和物"做了历史的推移。虽有将此当作发展方向的历史学家，但在我看来可以说是变化，如果要说是进步则难以启齿。因为两者所呈现的不规整，亦即奇数之美的性质是完全相异的，而且绝不能说后者看起来有比前者更优异的结果。前者是无碍的心所孕生那必然的形的崩解，后者则是基于对完美的否定所产生的做作。极为浅显易懂地可用前者是"自然的东西",后者是"做作的东西"来区别。将"井户"与"乐"做对比,它们的性质就鲜明地浮现了。不展示作为的"乐"是不存在的,如同展示作为的"井户"是不存在的一般。一边是一开始就以雅器为目标而创作的,另一边则至终都是杂器。试想一下将雅器置于杂器之前,当然可以夸示它的优越地位,但从结果来看又是如何呢?"井户"将永远地在美之中把优越展现出来,为什么是如此呢?

理由相当简单。"造作要谨慎"这样的禅的教诲,总有一天会实现吧,我这么想着就释然多了。在"乐"中刻意与形似的东西纠缠不清,那意图太明显了。在"乐"中享有最高地位的光悦的"不二"[1],并无法消去作为的痕迹,也无法逃离那经过矫饰的自由之美。做作的东西一开始或许能吸引人,这样的意外哪天还是会惹人厌倦的。本来有做作特质的东西就是如此,这样的意义下,原本的"乐"并无法充分展现茶之美,至少至今的"乐"仍无力解读何为茶之美。

因此从"高丽物"到"和物",虽然有历史的推移,却不能说是升华。自由在"和物"里反而显得阴沉。低度的自由,也可说是污浊的自由。反倒以被囚禁的姿态呈现出来,可说是极大的矛盾。"乐"并非无事,它自始至终都是有事,也可以说是"乐"的弱项。追求自由却无法彻底成为自由,是意识着

1　请参考205页之光悦茶碗"不二"。

自由之美的人的业力吗？"乐"为了能充分地成为茶器，不得不开始踏上一段复苏的新的历史。一旦起了意识的念头，道则难行。一旦用了意识，则不得不在意识无法停歇的境地里创作。一旦做作了，就不得不在做作里展示那无止尽的世界，这是难中之难。但正因身为作家，所以必须去面对。反正只要是一走入独立门户的"乐"，苦行是避免不了的事。朝鲜的作品则依赖外力成佛，类属是相异的。

今天自由形的动向，等同于重蹈"乐"的覆辙，所以不当徒然地重复犯下"乐"的谬误。在不自由的自由形里终结，又有什么意义？讽刺的是，自由形就必须更自由。似是而非的自由，不能说是自由。举起自由的旗子，就已经不自由了。自身的奇数，与制造出来的奇数是不能混同的。

因此奇数之美，从奇或从偶被解放时，才开始将本来的美展现出来。真的不对称是只有同时让对称与不对称都自由时才可能。只有相对于对称的东西，无法称之为真的不对称。因此不论两者从未发生，或者两者融合为一，都存在着本来的面目。不论是对不对称的肯定或是对对称的否定，两者都无法碰触到美的极致。茶道是展现这个真理的东西。在这个意义下，茶道对于近代艺术的自由性具有充分的修正力。绝顶的美，是自己在无法到达奇数的深度时不会了解的。

拾叁

日本之眼

「日本之眼」所深刻
冀求的是「不完美的美」，
我想以「奇数之美」来命名。

一

在东京的国立近代美术馆以《现代之眼》为题的月刊出
版，又举办了以同一题目为名的展览。

然而不当如此不可思议的是，再怎么看都只看到"西洋之
眼"。宛如"西洋之眼"就是"现代之眼"，或者说"现代之
眼"就是"西洋之眼"，这让我极为反感。为什么在日本的美
术馆不标榜"日本之眼"呢？进一步说"日本之眼"耀眼的光
芒，不是应该补足"西洋之眼"的不足处，并加以引导吗？馆
中常常尝试的陈列方式也追逐着西洋的流行趋势，缺乏日本自
身的创意。

而今我挺着卧病在床的孱弱身躯，发愿以"日本之眼"为
题起草本文向世间倾诉。日本已经确定持有"日本之眼"，应
该据此向世界闪耀光辉。看似徒然的豪言壮语虽是愚蠢的，但
日本已抱持着自信，以自己的观点推进的时代已经来到。"日
本之眼"有比"西洋之眼"迟钝吗？又，未符合或未赶上"现
代之眼"是卑下的吗？我认为在西洋见解当中尚未充分发展的

锐利度与深度，反而在"日本之眼"中有丰硕的累积。这并非暂时敷衍或急就章的观点。

　　日本从明治时期以来，自西方接受了各式各样的事物，当然仍有许多需要学习的部分。特别是在东洋落后的科学面向上，至今要学习的东西还有很多。但如果落入最大的科学万能的弊害中，反而会损失巨大。同样的在机械文明里，最好能充分反省人们的幸福无法被确保一事。美国是典型的机械文化先进的国家，我很了解许多美国人今日的不安与苦闷。近期在美国镇静剂的生产与需求逐渐畅旺，是病态社会现象的反映。美国虽是如此富足的国家却不知礼节，这般引人注目的恶俗国度还真是少见。犯罪率更是世界第一，到底是怎么一回事？

　　向外国学习是好事，但如果一味崇拜与追随，文化是无法独立的。称之为"现代之眼"或许是对新事物的夸示，但这既是"西洋之眼"，又是借来的东西，真让人情何以堪。为什么非得悉数以西洋风的"现代之眼"的角度来看呢？如果这么做，在何处与何时，东洋的存在理由才会被发现呢？日本人非得要一直生活在模仿中吗？这是丝毫不必要的。自明治时期以来已近一个世纪，差不多该卸下对西洋的膜拜，反过来开始从东洋馈赠礼物给向西洋。我认为从两方面能充分地实践。第一是大乘佛教的宗教思想，第二是东洋艺术的特质。无论如何，在西洋尚未充分发达的领域还非常多。近期"禅"被欧美的哲学家们极力地推崇一事，就是显著的事实。前些日子读到以下的一段话。当今被称为第一流的哲学家海德格尔[1]这么说，"如果我能早一点读到铃木大拙关于禅的著作，今日所归纳的结论就不会如此费时了"。像是禅之外的华严哲学与在日本特别发达的其他思想，对基督教文化也是新颖的赠礼。艺术的面向里如南画的留白美，书道的自在美，或抽象美，在欧美已经看到了它们显著的影响。如汉、六朝的雕刻，今后东洋美的深度将越发被重新审视，宋窑（图❶）则是不论欧美哪一所美术馆都争相搜藏与研究的对象。

东洋艺术所孕育的未来文化财产巨大且辽阔。因为有着与欧美观点相提并论的藏品数量庞大，例如罗丹的"沉思者"，与中宫寺及广隆寺的弥勒菩萨像相较，东西对比就很清楚了。近似的姿态，有着苦闷与寂静的对比。此处所具有的深刻意义，是前者展现不了人们最终的归趋，而"寂"的佛教理念是能让欧美人高度内省的极佳内容。

二

那么占据东洋一隅的日本，能对世界有什么贡献？虽然有各种不同的面向，我考虑的是没有顾忌地让"日本之眼"光芒

1　马丁·海德格尔（Martin Heidegger, 1889—1976）：德国哲学家，被誉为二十世纪最重要的哲学家之一。他在现象学、解构主义、存在主义、诠释学、政治理论、后现代主义、心理学以及神学领域有举足轻重的影响。

❶ 宋窑　陶枕

万丈，背后支撑的是具有厚实传统且犀利的鉴赏力。若能依此
而洞见美，这样的观点必然能得到极大的注目。

　　大体"西洋之眼"源自"希腊之眼"。所指之处是长期被
推崇的"完美的美"。希腊的雕刻常常这么表述。这与欧美的
科学理智不谋而合，精准地切割形成合理的美。西洋中的写实
性与远近法的进程也是依据合理性，如同曼特尼亚[1]这般的画家
在东洋见不到，这样的精确的美我想以"偶数之美"来称呼。
与此相对的"日本之眼"所深刻冀求的是"不完美的美"，我
想以"奇数之美"来命名。没有比日本国民更加能深刻地认识
与追求如此这般的美的人了。

1　安德烈亚·曼特尼亚（Andrea Mantegna，1431—1506）：意大利画
家，也是北意大利第一位文艺复兴画家。曼特尼亚在透视法上做了很多尝
试，以此创造更宏大更震撼的视觉效果。

　　我曾经读过康定斯基[1]的美学理论，对于其中日语所译的
"画的虚构"特别欣赏。实际上因为这个"画的虚构"有着
在于真实里胜过真实的意义，这里的"虚构"指的是"不完
美"或"奇数"。

　　然而自发自觉的"日本之眼"，启动了足利时代能乐与茶
道的发展。当时存在诸多对"茶"批评的人，也存在不少指责过
去阴郁的"美的观念"的人，然而"美的鉴赏之道"所蕴含的内
容是极其独创的，锐利的，且深远的，也因此培育了罕见的世界
观，并对国民全体的生活产生深厚的影响，成为今日人们美的生
活基础。可以说是或多或少肩负起了我们美的教育责任。

　　文艺复兴期的艺术受到麦第奇王侯的庇护，如同"茶"与
"能"大受足利义政[2]的守护一样。或许政治家身份下的他是
一个无趣的人，但他十分热爱艺术，使得被誉为孕育"东山文
化"的阿弥一族以及茶祖珠光，在他的庇佑下发光发热。接续
的是绍鸥、引拙，还有在幕后的像是一休禅师等禅僧投入在该
运动下，使得"茶"有着佛教式的深化。像"茶禅一味"这般

1　康定斯基（1866—1944）：出生于俄罗斯的画家和美术理论家，被认
为是抽象艺术的先驱。他具有知觉混合的能力，可以十分清晰地听见
色彩。这个能力对他的艺术产生主要影响，仿佛它们不是绘画而是音
乐作品。

2　足利义政（1436—1490）：是室町时代中期室町幕府第八代征夷大
将军。1449至1490年实际主导日本政治。其本人是个数寄者，爱好艺
术，常庇护艺术者与文化人，对室町时代末期东山文化的兴起作出了一
定贡献。

将美的鉴赏与宗教思想紧密联结的，在其他国家的历史上是看不到的。

三

接下来谈谈"茶之美"有着什么样的理念。幸运的是那并非根据抽象的理智而来，茶室、露地、茶道具这些具体的东西常成为媒介，而让人得以凝视着美的幽深之处。"侘""寂"等虽在过往时代的文学里也能品赏到，伴随着"茶"的兴盛，却让我们更有机会品味埋藏在具象器物里的深度。"寂"并非单单是孤寂的意涵，而是在佛法的词汇中，去掉本来所谓的执着之意。我将舍弃欲望及超越二元的终极境地以"涅槃寂静"来称之，这样的回归是大慈大悲的誓愿。"茶之美"诠释着"寂之美"，也可以用平易的"贫之美"来称呼，如今或许能以容易理解的"简素之美"来表示。品赏着这类美的茶人以数奇者称之，"奇"指的是不满足的意思，是心悦诚服地品赏那不满足中的满足。

因此"寂"的理念并非一颗追求完美无缺的心，冈仓天心称呼"茶之美"为"不完美的美"，久松教授更以"对完美否定的美"来称之。然而完美或不完美那毋宁从二元对立脱离的美才得以称之为"茶之美"，我想借由禅语以"无事之美"来称之。亦即以"平常的美""无碍的美"来说明，因为是不执着于完美或不完美的"自在美"，所以是"茶之美"。

常常所见到的茶器器形的"形变",这是什么框架都没有的对自由形的爱,而非强求的形变,也并非与必然分离的形变。因此后期刻意以形变来表现茶器时,也就是说想要造作地否定完美时,便可以认定为开始失去了"茶之美"本来的面目。我所思考的真正的"茶之美"在绍鸥时代就结束了,到了利休时代,茶更是被几个固定的格式所限定住,并展开了堕落的历史。执着于"茶"却反而失去了自在的茶,真的茶非得是"未萌生的茶"不可。虽说是矛盾的表达,真的茶可以说是在"继茶之前"就存在了的,"继茶之后"反而刻意追求畸形而让寻常的美消失了,远离了无事而坠入做作,使得"茶"的生命就此终结。近期西洋的陶工们急于追求"自由形"(Free form),可以说是无益地重复着"茶"之后的弊害,此中并没有真正的自由。以"日本之眼"审视时,无处不是"无事之美"。这类美的鉴赏在海外缺乏先例。近代的西洋艺术对于"有事"的执着有异常的一窝蜂倾向,因为缺乏决心,所以招来痛苦。特别是美如果不健全,就会流于病态甚至变态。

四

此处想以一段话概括茶器的性格。茶器如同前述,别说人们会厌恶形变与瑕疵,反而大家积极地从中发现美、感受美的自由。近代西洋形破(Deformation)的美是在意识下的思考物,近代美术是几乎对什么都追求形破,但实际上"茶之美"

早在四百年前就追求形破的美了。进一步在瑕疵中凝视美的"日本之眼",这样的例子以前在历史上并不存在。

就像众所周知的,如果超过了应有的度就会失去常态,反而与原来的意义背离。茶人在某些场合,刻意毁坏器物却持续乐在其中,不就是过分的行为吗?本来应该在这样的见解里律动的不平凡的眼,在某方面却让"茶"的观点带来显著的弊害,而不得不很小心。然而最早成就形破的美,且鉴赏得最深入的也是茶人们,这样的创见与洞察值得尊敬。这个传统在"日本之眼"里沉潜着,渗入了接受长期熏陶的所有日本人的心,那意味着对"自在美"的敏锐鉴赏。形破是为了追求打破局限的自由。

我为数众多的亲友一致认为,并没有比日本人的眼球律动得更快的民族。而且连在相当年轻的族群中,也可以找到具备精准眼力的人。利奇[1]曾经对我这么说,"如果在日本的古董店发现了好东西,必须立刻买下,因为隔天想去买时就没有了"。这就是日本人的"看见之眼",是如此敏捷与锐利,并由此引发的一句惊人的叙述。原来身为英国人,是会再三玩味并经由几番考虑后才入手。值得称道的是,"日本之眼"的远见是被世人所认同的。欠缺合理性的日本人,需要的是透过直

---

1 伯纳德·利奇(Bernard Leach,1887—1979):英国艺术家、陶瓷家,被业界誉为"英国工作室陶器之父"。在日本学会了制造"乐烧"和炻器的技艺。大部分作品明显受磁州陶器与日本制陶师的影响。著有《一个陶工的代表作选》等。

觉来弥补生活中的不足。

在此到底眼力应该怎么叙述呢？谁都能看见同一物件，并引发种种见解，但眼里所映射的东西却不尽相同。什么才是当中正确的见解呢？最终会归结到纯粹地观看，但多数人对于如何看的这一行为，反倒缺乏率真。亦即并非真的看见，而是大多被思考支配了的看见，是"看见"之外附加上"认知"力后的看见。

因为有名所以觉得好而看见，受到评论的引导而看见，因为某种主义的主张而看见，基于自身幽微的经验而看见，这样只是单纯地视而不见。纯粹地看见是所谓的"直观"，直观就是字面上所揭示的，看见的眼与被看见的物之间没有置放任何介质。立即地看见，直接地看见，这么简单的事却做不到。多数是戴上有色眼镜来看，或者是由概念的标准所计算出来的。本来是只要单纯地看就好，却借由各式各样的观点来看。如此一来无法直接地看，东西的本质就看不见。透过有色眼镜是看不见本来的颜色的，眼与物之间充斥着介质，这样直观便无法成立。直观是此刻便看见，昨日所见的东西已非直接，是已成为过往的间接物。在此时此刻直接能看见之外的就不是直观。如果眼与物间什么介质都不存在而能直接看见，就可以简单地说是"只是去看"。只是看见是由于直观的运作，以禅而言，说是"徒手悟到"也可以。

这样的状况从形态上来看，说是看见的眼与被看见的物合而为一也可以，说是看见的眼等同于被看见的物也可以。因此看见之前就先启动知识的人，绝不能说他看见了。单从知的范围来看是看不见的，是无法完全地理解的。知的理解与直观有很大的出入。

又，在直观里时间是不存在的。因为"直接"是没有犹豫的，是即刻的。直观里没有踌躇所以不起疑惑，更伴随着信念，那所见与所信十分地接近。

这般对物件的直接观赏能力，是日本人特殊的优良素质。如同先前所叙述的，主要是茶道影响下的国民教养所致。国民根据各自的历史与地理环境，而各具有自己的特质。印度的"智"、中国的"行"、日本的"眼"是东洋的三大光辉。印度人精通思考、中国人优于实践、日本人则擅长鉴赏。在西洋，接近日本的是法国，接近中国的是犹太，接近印度的是德国吧。只是德国的智是在哲学的面向，而非宗教的面向。

原本就算在选择当中有各种的矛盾，日本人在日常生活中所选取的器物仍是其他国民所不及的。里面到底有什么趣味呢？本来也有肤浅或错误的东西，但不论如何是根据某种标准来选择的。这个标准就是"涩味"这一平易的词语，并普及于一般的国民。虽不知这样简单的词语是如何将日本人安全地导向美的高度与深度，总之国民全体都持有这般的标准词语是何等让人惊讶啊！如果要赞叹这是来自鉴赏美的茶道的硕大功绩也可以。无论再怎么喜好花哨的人，会自省与了解喜欢涩味的人仍更高了一个层次。随着年岁的增长，不久后可预见自己也将安身于涩味的怀抱。最近追求时髦的人们表示涩味等具有老味的美，或许并不适合这新时代，这是因为涩味不适合自己，而非涩味是浅薄的。

涩味并未令人在新旧二元之间徘徊，而是超越时间，且蕴含着清新的"真性情"。深邃的禅意寄宿于内里。临济禅师的理念中有着"无事"之美。那原本就不是做作的美，在变迁的流行里不会随波逐流。实际上是"日本之眼"这类传统在背后深度地加持，在西洋见不到这样的传统。因为有"无事之美"，才能对将来的文化贡献新的内容。西洋所欠缺的，是充分的满足感。日本人不就是因为有这个自发性的"眼"所以能大放光芒吗？因为持有美的标准词语涩味的国民，在东洋以外的其他地区并不存在。依据这个观点，中国或朝鲜对美的鉴赏就滞后了。能认识两个前辈国的真之美的，却反而是日本人。不可思议的是，热切地研究朝鲜艺术，并对此尊崇的并非朝鲜人而是日本人，这是因为"日本之眼"启动的结果。在这个意义下，美术馆类的场所中那更为自主的"日本之眼"将大放光芒，无须借由"西洋之眼"也能独自充分地实践精彩的展题。当然，整理"日本之眼"的内容是必须的，如果顺利的话，让世人瞠目结舌的"世界之眼"将指日可待。

民艺馆虽小但具有这样的使命感，并不忌讳地开始启动"日本之眼"。既非追随西洋的步伐，也不迷惘于"现代之眼"。在这样的声誉下民艺馆的外国访客络绎不绝，更让"永远之眼"中的"日本之眼"高度深化了。这并非不可能的事。"日本之眼"不需追逐一时兴起的流行趋势，那扎根于深远的佛法，相信将呈现对"真实"的直观。哪一天如果万事俱备，期待欧美建立一个由"日本之眼"所梳理的美术馆。"日本之眼"的光辉普照，是日本文化史的使命之一，我不由自主地兴起了这样的自觉。

五

我所理解的"奇数之美"里含有对"日本之眼"的洞察，此外还有一个与"素色之美"相关的观点想要借此增添一笔。在西洋很少有人能品味与推崇"素色之美"。以陶瓷器为例，大部分的西洋作品置入了纹样，而且是多彩的，这个纹样反而成为主角。然而"日本之眼"所追求的大多是素色的，并且能在素色里感受到美的依归。

这是远古佛教的空观与"无"的思想由来。对素色的鉴赏是最单纯，同时却又是最高深的。对素色的兴趣，在茶道的推广下普及开来。"侘""寂""涩味"是对终极素色的追求。谁都注意到烧制素色的陶瓷器最多的是朝鲜，与日本根据茶禅的教化不同，是历史与自然衍化而成的。只是单色的白瓷与黑釉的品项相当多。而在朝鲜，赤绘完全不发达，宿命中与色彩的世界擦身而过，没有染色织物，国民不论是谁都白衣缠身，既不享受花艺也不赏玩物件。然而如果认为素色是单纯对色彩的否定就流于肤浅了，这并非对"有"否定的"无"，而是包含无限的"有"的"无"。与能乐中的"静中之动""动中之静"相同，在此之上的"富"是不存在的，而是与"清贫"相同。说是"空即是色"的教诲的具象表现也可以。陶瓷器深受日本人的喜爱，而对不上釉或近似不上釉的陶瓷器的热爱习惯在西洋是看不到的。喜欢茶碗的人习惯立即翻过来细看高台的部分，那里大多不上釉而露出土胎的粗放，这是对于无限韵味的追求。"梅花皮"等的鉴赏也是如此，这样的观点在西洋看不到。在"茶"中美的理念以"麁相"来说明，以"闲寂"来表示。"麁"就是粗，有着粗放的相。某种意义下就是在无味无色之处，端详着满溢的韵味，这里有着"日本之眼"的敏锐与深度。茶人之所以极度推崇"备前""伊贺"[1]等，是因为能够端详它们的"麁相之美"，它们是素坯裸烧的陶瓷器。而什么釉药的表现与艳色都没有，被尊为外来的"南洋"的作品，也是"日本之眼"启动的结果。西洋的陶瓷器中贝拉尔米诺壶[2]有这样的美，有趣的是这个贝拉尔米诺壶两百年前就在日本受到极大的赞赏。

这般素色素坯的陶瓷器能让人如此忘我地凝视着，是"日本之眼"的特征之一。这绝非特殊的见解，而是蕴含在本质里的见解。总有一天西欧的美学家也会认同这样的观点。可以形

1　备前、伊贺：指的是以地名命名的日本古窑口备前烧、伊贺烧所产制的陶瓷器。

2　贝拉尔米诺壶：15—17世纪烧制的带有浮雕胡须人像的小壶，据传原型是16世纪末的天主教红衣大主教贝拉尔米诺（Roberto Bellarmino，1542—1621）。

容为"无味即真味",或者禅语中的"不风流处也风流"。素色中反而看到了无限的纹样。素色不是什么都没有,对于素色我以三句偈语来表达。

无文 文 即文。

绘文 直到 无文。

有文 无文 是文。

文读音"Aya",是纹样的意思。描绘纹样时不能忘却"素色之心",必须贯彻纹样的自有至无。纹样从有到无时真正的纹样诞生了。忘却了"无"却滞留于"有",就无法深化"有"。

对茶器里的"唐津"(图❷、图❸)等的尊崇,是被纹样的简素所吸引,和读取到了素色之心所致。在这样的意义下,像是"仁清"的艳丽釉色与置入纹样的茶碗等,是"茶"倒退一步、两步的表现。茶人喜爱"刷毛目"(图❹),是因为看见了无限的韵味。"刷毛目"也可称为"素色纹样"。单色的白土在刷毛的刷描下,这个刷毛痕迹是产自于自身的纹样,是没有纹样的纹样。又,对"曜变"的尊崇,也可称之为"素色纹",这样的素色,就是无限的纹样。"乐烧"是有意识地追求这类美的茶器。"乐茶碗"如众所周知,大部分是素色的碗,在釉药下赋予了不受限的纹样。茶碗之王"井户"是没有纹样的,但是并非单纯的没有,而是有着釉斑、手拉纹与满布纹样的土胎。

"日本之眼"所深切瞩目的茶器类,原则上都是素色的,这样的"无"之美在东洋光芒四射。将来在西洋会引起多大的

❷ 唐津烧　茶碗

❸ 绘唐津　钵

❹ 高丽茶碗　三岛刷毛目

注目呢？如果不喜欢"无"这个字，也可以换成更一般的"简素"，或以宗教清贫的德来比喻也可，但没有可以胜过这个贫的富。"素色之美"指的是这类"贫之美"，"麁相"或"闲寂"都是用来形容"贫之美"的词语。

我对于西洋陶瓷器的纹样，没有任何贬低的意思。那里也有精彩的样式，但是以"日本之眼"来看的话那纹样当中所应突显的美，还是必须来自深处所具有的简素性质。"无"的要素在深处隐藏时，美越发深邃。但是喧杂的纹样显得肤浅，因此那是从当中有多少的"无"来判断纹样的优劣。素色往往具备美最深奥的理念，是"日本之眼"给予西洋"无之美"的赠物。素色的美学背负着重大的使命。奇数的美学与"日本之眼"同时见证了美的极致。西洋人何时也能在此发现那无限的、历久弥新的真理呢？我感到让"日本之眼"发光发热，是身为日本人的骄傲与使命。我们不是更应该相互鼓励担好身为日本人肩负起的责任吗？

启彰导读
超越二元对立的美

　　《奇数之美》与《日本之眼》是两篇逻辑清晰，论理有据及思想精湛的论述，对日本美学的过去、现在与未来作出了精辟的解析。文中另含有一个贯穿论述的核心，是超越二元对立的美。这个部分在其被视为思想结晶的《美的法门》[1]一文中有更进一步的铺陈。

　　关于《奇数之美》，曾涉猎日本茶道或看过冈仓天心《茶之书》的读者，对于"数寄"两字应该不陌生，但是其中的意义与字意相距甚远而容易遗忘。《茶之书》中把"数寄屋"解释为"时兴之所"或"不全之所"。柳宗悦还原与追溯了"数寄"的原型乃"数奇"，蕴含了"奇数"的意义。简单地说"奇数"相对于"偶数"有"不完美"或"形变"的意涵，符合了日本茶道追求侘寂的境界。

　　在《日本之眼》中，柳宗悦想强调的是日本独有的鉴赏之

1　并未收录于本书中。

眼，不应受到西方无谓的牵引。自15世纪中期以来，日本就开始崇尚着简素之美，发掘了井户茶碗；到了近代，"涩味"这个日本人朗朗上口的味觉词语，又成了庶民能深入生活美学的钥匙。他认为"日本之眼"是根源于深远的佛法，并希望日本民艺馆能肩负起发挥"日本之眼"作用的使命，最终让日本文化在世界发光发热。

由于导读已近尾声，我想整理两个部分作为最后一篇导读的内容。一是《茶与美》自出版以来，几位日本茶界的重量级人士近二十年来对柳宗悦的意见反馈。二是探究与反思超越二元对立的美的现代意义。

在《茶与美》的日本讲谈社版本中，出身茶道世家的里千家即日庵·高崎艺术短期大学教授户田胜久，在解说里回忆起《"茶"之病》论述发表时，正值他的高三阶段，当时柳宗悦对于世袭制的批判，的确引起家元们极大的反弹。而他深感遗憾的是，直至2000年他执笔解说时，茶界的因袭还是一点都没改变。他对于柳宗悦的批评虚心接受，表示应当朝其所展望的方向迈开步伐，所以茶界受到柳氏的恩泽是难以忘怀的。

2010年日本《目之眼》月刊为了纪念柳宗悦诞辰一百二十周年，所企划的一个民艺专题，访问了千利休的后人武者小路千家·官休庵15代传人千宗屋，如何看待柳宗悦强烈批评茶道是在千利休之后开始堕落的见解。这位至今仍十分活跃于日本茶界的家元回应，柳宗悦所批判的利休是后人在江户时期（1603—1868）后所包装的形象，包括弟子们记录利休言行的著作《南方录》。后世参照利休所遗留的框架而衍生出种种弊害，并把"因为利休如何如何……"作为挡箭牌，然而千利休本人是超越这些局限的。千宗屋对柳宗悦所批判的原本不属于利休与长次郎的罪责，表达了被误解的遗憾之情。他也指出柳宗悦所诟病的茶人把"茶禅一味"挂在嘴边却不了解禅，其实与大多数的民艺人不了解民艺中的禅意是一样的。

千宗屋的回应遗漏了一个部分，是柳宗悦对世袭家元制度的指责。家元制度的弊害来自世代相传，并未具备鉴赏能力的后人也能承袭家元，又因家元等同于是个对器物评价的职衔，茶人与作物师之间勾结而哄抬价格的弊端应运而生。柳宗悦批判的重点并不在利休个人，而是对利休以降的整体茶界制度的省思，所以提出家元的遴选应交由有公信力的团体评荐。这个评荐制度后来施行于日本民艺馆，历任馆长是由日本各地所组建而成的民艺协会推荐产生，然而至今茶界的家元制度仍是各家族的黑箱作业。

2016年底京都国立近代美术馆举办了一场"茶碗中的宇宙，乐家一子相传的艺术"展览，15代乐吉左卫门·直入在参与的一场会谈中表示，柳宗悦批评长次郎的茶碗是"伪装的无作为"，而民艺品才是真正的无作为与无心之作。然而直入认为所谓民艺品的无作为，只不过是幻想罢了。人本身就是有为与前行的动物，作为或无作为并非重点，民艺品或高丽茶碗都是各自时代所孕生的，有着令人感动的力量。

直入是乐家历代最优秀的传人之一，在我所描述的赏器三

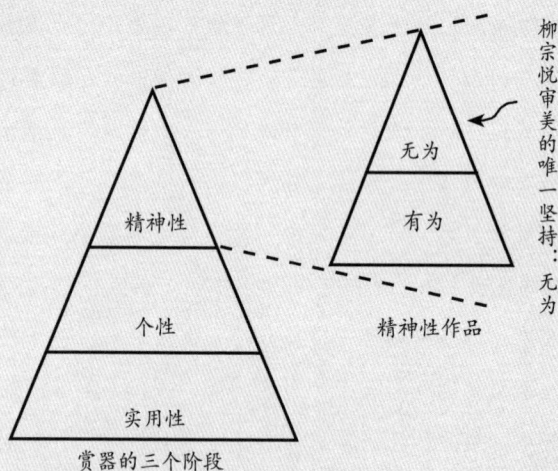

赏器的三个阶段

柳宗悦审美的唯一坚持：无为

无为

有为

精神性作品

精神性

个性

实用性

我所定义的赏器的三阶段，分为实用性、个性与精神
性，精神性则包含了有为与无为。而柳宗悦对审美唯一
的坚持是美必须是"无为"的，也就是"无事之美"。

阶段实用性、个性、精神性中，他的作品已臻至"精神性"，
属于精神性中的"有为"。而柳宗悦把"无事之美"作为美的
唯一标准，我将之归类于精神性中的"无为"。虽然柳宗悦对
于审美的唯一坚持是"无为"，但我认为对创作者而言精神性
中的"有为"与"无为"并非无法跨越的鸿沟，无为也并非幻
想，只关乎个人的修为。如果创作者能放下自我的过度执着，
让心性谦卑地向自然靠近，属于自然之力的鬼斧神工就有机会
注入于作品之中。

我在京都乐美术馆目睹了初代长次郎的作品"万代"，

如果以柳宗悦所描绘的，其实是潜藏于每个人内心深处的"直观"来透视作品，当能发现长次郎的作品散发出一种难以言喻的"静"。旁边的一段乐美术馆的解说，反而让我倒吸了一口气，它形容长次郎的作品"是在极度压抑装饰与造型的变化下的一种安静的趣味"。当真是极度的压抑，就不会产生静的境界，作品的外在表现来自作者内在的心境，这也是直观所要强调的透视能力。相对于长次郎，15代乐吉左卫门·直入的现场作品，有着高调的自我表现。但是不可否认的，西方油画与造型艺术融合了东方茶道的静谧与巧思，美感在其作品中表露无遗。令我沉思的是，如果直入能再次咀嚼柳宗悦的深意，让自身略显张扬的个性，再向内敛与寂静沉淀，其作品可能就有机会成为四百五十年来乐家历代之最了。

柳宗悦贯穿全书且最令人动容的立论，是超越二元对立的美。从《陶瓷器之美》开始，柳宗悦写下"宋窑里没有撕裂的二元对立，那里始终是刚柔并济的结合，动与静的交织。那个唐宋的时代里深切玩味的'中观''圆融''相即'等终极的佛教思想，就这样忠实地呈现出来。还有那'中庸'不二的性质，在美里头不是都有吗？"这是一段令人屏息的叙述，将宋窑的精髓剖析入骨。在《奇数之美》中说："未被二元对立相囚禁的自由之美，是原来的本性。这样的美我姑且以奇数的美称之。"在《日本之眼》中提及"完美或不完美那毋宁从二元脱离的美才得以称之为'茶之美'。我想借由禅语以'无事之美'来称呼'茶之美'"。

　　柳宗悦在《美的法门》（图❺）中谈无有好丑的基础，是《大无量寿经》第四愿中"无有好丑的愿"。佛的国度中是不存在美丑的区别的，只有超越美丑的佛性才是其本来面目。在这个世界上美丑是二元对立的，人如果回归了本真，便能够到达无有美丑的境界。柳宗悦的愿是希望器物的创造回到无铭民艺品的初心，创作者秉持谦卑，依赖的是外在的自然之力，少了人为自身的意识干预就可能成就如有神助的精彩。而对于观察者，柳宗悦期许的是从美与丑未分的境地来观察这个世界，如果世上有善恶美丑之分，就要在差异的原点将之消除。这个国度称为净土，那里无二分之争，是一元之国。

　　法鼓山圣严法师（1931—2009）曾说过一个故事，有一次他到访一座寺庙，一位刚闭关出关不久的僧人一见到他就抱怨，闭

❺ 释迦　韩国庆尚北道庆州郡内东面吐含山石佛寺　新罗景德王十年

关时何等的清幽，却被出关后回到世俗的一些杂事翻搅得十分烦躁。圣严法师回应他，真正的修行不在禅房，而在世间。

如果让所有人回到无有好丑，那超越二元对立的美的境域，这个世界的所有器物的创作者与观察者皆是与自然合一的人，的确就不会有美与丑的纷争了。然而属于普罗大众的我们，对于仍在红尘的二元对立世界中生活，美与丑的对立相就存在你我的身旁，那与净土相距遥远的我们，又该如何？

一旦批判，就产生对立相。一旦批判美与丑，二元对立的纷争就此展开。

呼应我在开篇《陶瓷器之美》的导读《美，对观赏者也是一种修行》，当观赏者的修为接近自然，直观便得以生成。有了直观，便得以辨别作品是在哪一个阶段，是实用性、个性，还是精神性。心，是器物创作的依归。作品也等同于创作者心量的大小，能接引在三个不同阶段的对应粉丝。观赏者恰似观察者，当臻至一定的高度，并理解到每一位创作者的作品，必然吸引到频率相仿的粉丝时，也体察到每个阶段下创作者的努力与收获。这时候的美与丑，因为理解，同理，而包容，也就不会有批判的产生。

《心经》中说："不生不灭，不垢不净，不增不减。"喜欢生、净、增的人，一旦批判了灭、垢、减后，就形成了对立相。这个世界如同一幅太极图，黑白互根，生与灭，垢与净，增与减其实彼此成就、本为一体。领悟超越二元对立的美的契机，不在净土，就在你我的日常。

出处一览

◎《自序》

《茶与美》（初版）昭和十六年（1941）7月

◎《陶瓷器之美》

《新潮》大正十一年（1922）1月号

◎《看见"喜左卫门井户"茶碗》

《工艺》第5号 昭和六年（1931）5月

◎《作品的后半生》

《工艺》第15号 昭和七年（1932）3月

◎《关于搜藏》

《工艺》第23、24号 昭和七年（1932）11月、12月

◎《心念茶道》

《工艺》第49、50、54号 昭和十年（1935）1月、2月、6月

◎《高丽茶碗与大和茶碗》

《工艺》第67号 昭和十一年（1936）9月

◎《茶器》

《世界》昭和二十年（1945）4月号

◎《光悦论》

《工艺》第67号 昭和十一年（1936）9月

◎《工艺的绘画》

《工艺》第73号 昭和十二年（1937）2月

◎《织与染》

《妇人公论》昭和十二年（1937）4月号

◎《"茶"之病》

《心》第三卷第3、4、5号 昭和二十五年（1950）3月、4月、5月

◎《奇数之美》

《茶与美》（《柳宗悦选集》第六卷）昭和三十年（1955）3月

◎《日本之眼》

《心》第十卷第12号 昭和三十二年（1957）12月12日